JN176799

フィールドの生物学―⑮

クマムシ研究日誌

地上最強生物に恋して

堀川大樹 著

東海大学出版部

Discoveries in Field Work No.15
The research diary on tardigrades: Enthusiasm for the toughest animal on Earth

Daiki Horikawa
Tokai University Press, 2015
Printed in Japan
ISBN978-4-486-01996-1

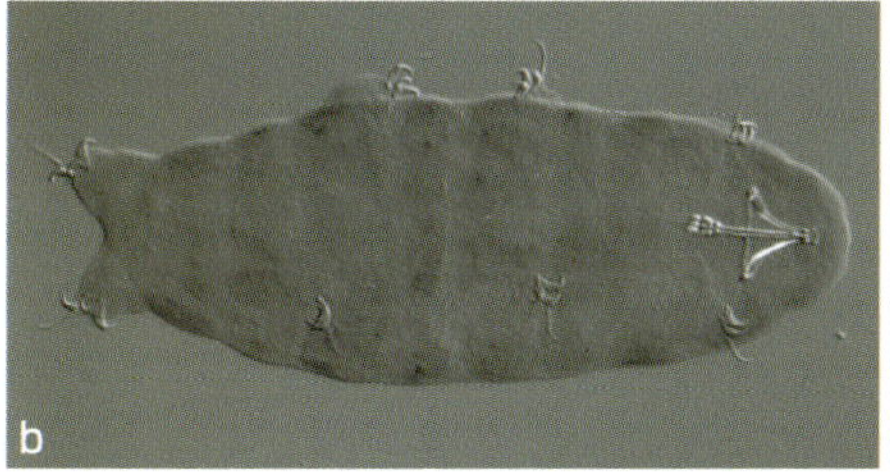

口絵１ ヨコヅナクマムシの顕微鏡写真（撮影：a）堀川大樹，b）阿部 渉）.

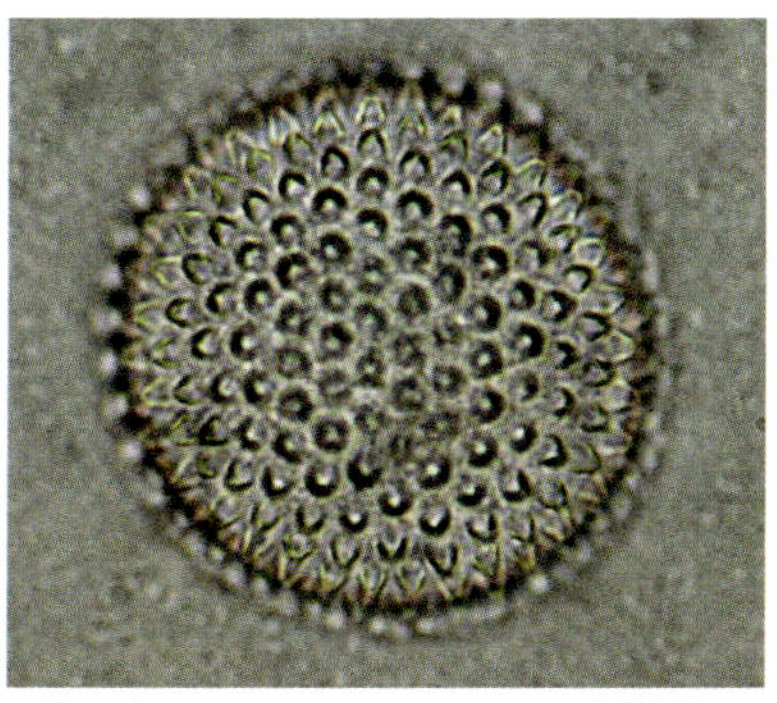

口絵３ 真クマムシ *Calcarobiotus* sp. の卵(撮影：堀川大樹).

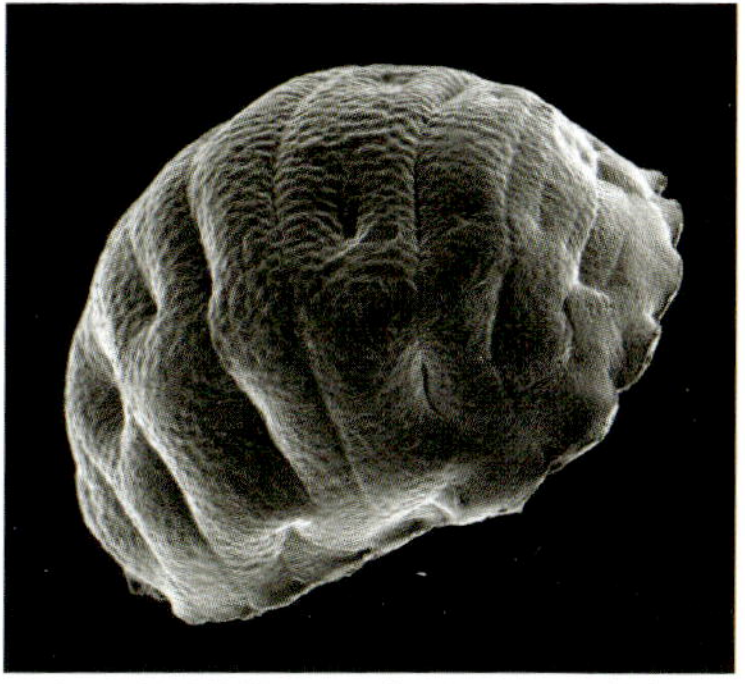

口絵２ 乾眠状態のヨコヅナクマムシの走査型電子顕微鏡写真（撮影: 堀川大樹・行弘文子）.

口絵４ 乾眠状態のヨコヅナクマムシの卵の電子顕微鏡写真（撮影: 堀川大樹・田中大介）.

口絵５ ヨコヅナクマムシの生息地. a）札幌市内のとある橋の上. b）その路上のコケの群生.

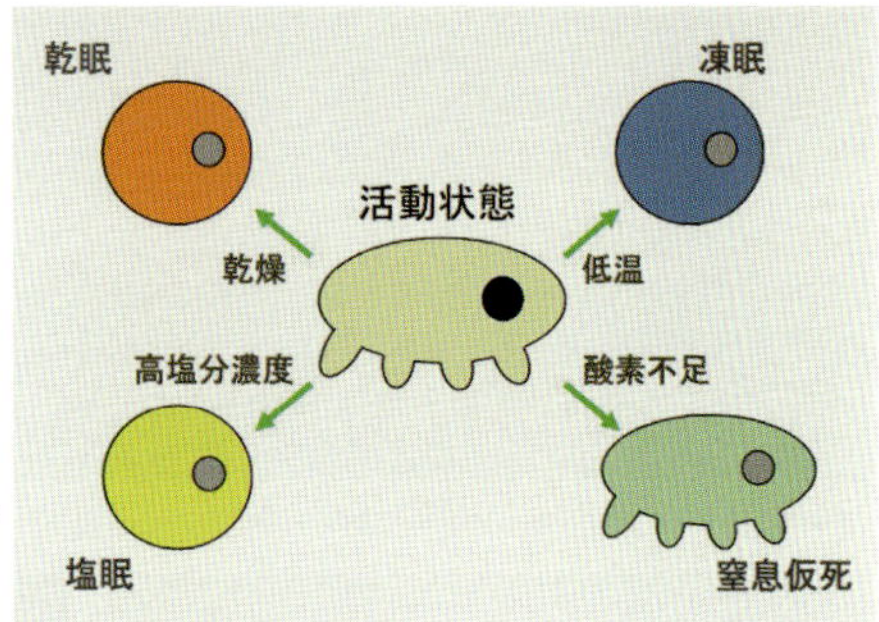

口絵6　クマムシのクリプトバイオシス．クマムシはストレスの種類に応じて乾眠，凍眠，塩眠，窒息仮死に移行する．

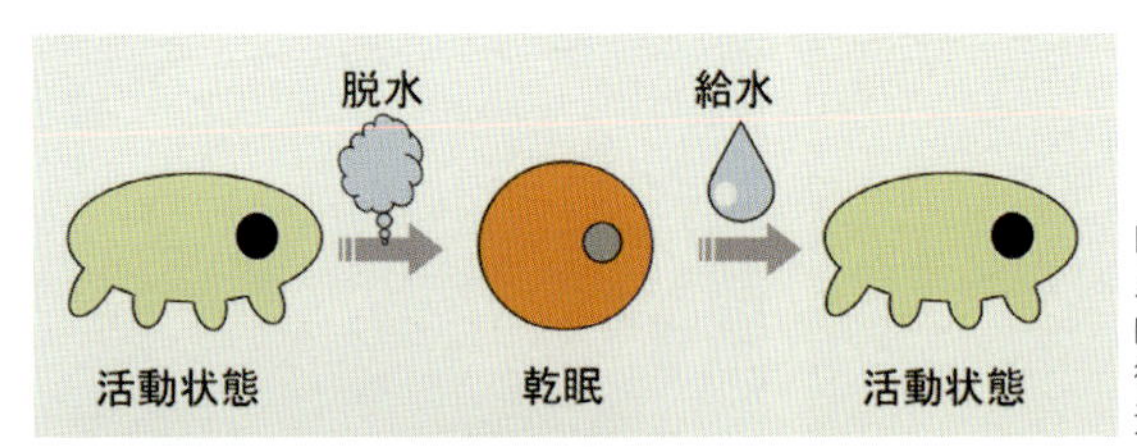

口絵7　クマムシの乾眠．クマムシは乾燥にさらされると体内から水分を失い，乾眠に移行する． 給水するとふたたび元の活動状態に戻る．

口絵9　著者が考案したクマムシキャラクター「クマムシさん」のぬいぐるみ．ヨコヅナクマムシがモデル．

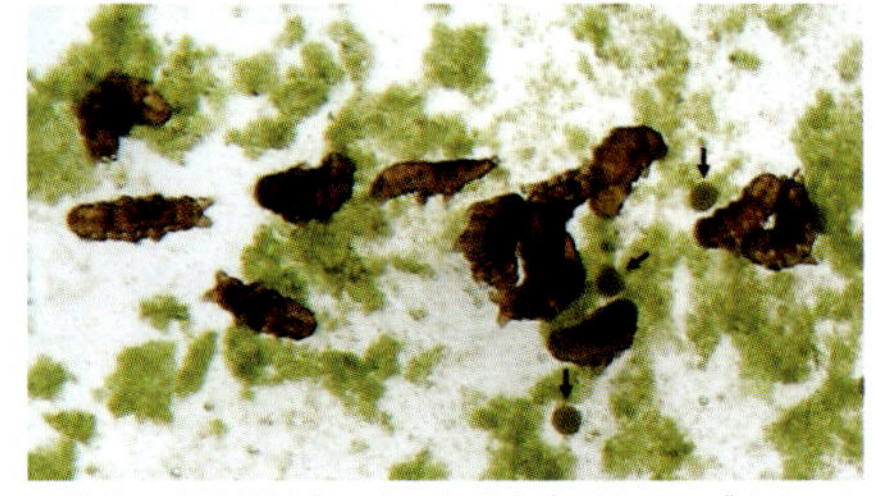

口絵8　飼育培地中でクロレラを食べるヨコヅナクマムシ．矢印は卵．

口絵10　クマムシさんのLINEスタンプ用イラスト（制作：阪本かも）．

口絵11　クマムシさんのサブキャラクター（左から，かんみんクマムシさん，シロクマムシちゃん，ニセクマムシさん，占いクマムシ，悪いクマムシ）．いずれも「クマムシさんのお店」（http://kumamushisan.shop-pro.jp/）で購入できる．

はじめに

地上最強といわれる生物、クマムシ。本書は、一人の劣等生がこの生きものと運命の出逢いをはたし、クマムシ博士へと変貌するまでの苦悩と歓喜の日々を綴った物語である。

僕がクマムシの研究を開始した二〇〇一年当時、クマムシは世間でまったくといってよいほど認知されていなかった。そののち、たびたびテレビで「何をしても死なない虫」という触れ込みでとり上げられ続けたことで、クマムシの知名度は徐々に向上した。ついにはクマムシと名乗るお笑いコンビまで登場、彼らの芸（「あったかいんだからぁ」）は一大ブームに。これにより、二〇一五年現在では国民の大半がクマムシの四文字を認知するまでになっている。

だが、はたして実物のクマムシを見たことがある人は、どれくらいいるだろうか。おそらく、ほとんどいないのではないだろうか。

クマムシはその認知度の高さとは裏腹に、この生きものの専門家はきわめて少ないのが実情だ。プロフェッショナルな現役クマムシ研究者は、日本では五～六人、世界を見渡しても百人強ほどしかいない。クマムシについて書かれた本も少ない。博物館や水族館で展示されることも、ほとんどない。クマムシを見たり、この生きものについて詳しく知る機会がないのも、しかたがないことかもしれない。

だが、クマムシは私たちの身近なところにいるのだ。あなたの最寄り駅の前、行きつけのスーパーの駐車場、通勤・通学で使う道路にはえるコケの中にも棲んでいたりする。コケを採取して水をかければ、そこからクマムシが出てくる。肉眼で見るのは難しいが、市販されている顕微鏡でじゅうぶん観察できる。そしてひとたびこの生きものを目にすれば、その愛らしい姿と動きに心を奪われることだろう。

「こんなに可愛いけれど、地上最強」。このギャップもたまらない。僕はクマムシに出会ったときに一目惚れをして、あっさりとこの生物に人生を賭けることになった。手探りで始めたクマムシ研究だったが、周囲の人々にもめぐまれ、この生きものの秘密の一端を明らかにすることができた。この過程で、世界で誰も見たことのない景色を自分が初めて目にする、研究者ならではの醍醐味を味わうこともできた。

クマムシは、その小さな身体の中にたくさんの不思議をかかえている。そして、この小さな生きものに青春を捧げた人間がいる。一人でも多くの人に、クマムシの魅力を知ってもらいたい。実物のクマムシの姿を実際に見てもらいたい。そして願わくば、クマムシ研究者の人口が一人でも増えてくれれば――そんな想いで、本書を執筆した。

虫好きの人もそうでない人も、騙されたと思って読み進めていただければ幸いだ。後悔はさせない。きっと。

てくてくまむし

目次

第2章　クマムシに没頭した青春の日々　35

第1章

クマムシに出会うまで

型破り教授

ある春の日の昼下がり、僕は大学キャンパス内の会議室にいた。十五人ほどがようやく収容できるほどの、小さな会議室だ。ここで、僕が配属された研究室のオリエンテーションがこれからおこなわれるのだ。この研究室の新四年生は、僕を含めて十人。皆、少しだけ緊張した面持ちをしている。

教授の話が始まった。教授は卒業研究のスケジュールや研究に対する心構えを語ることはなく、ビジネスによる資産の増やし方についてのレクチャーを始めた。「ベンチャー創業」、「株式分割」、「ストックオプション」。新四年生たちは皆、あっけにとられていた。レクチャーの内容を理解できなかったからではない。私たちが門を叩いた研究室が、経営学や経済学ではなく、生物学を研究する研究室だったからである。

神奈川大学理学部教授、関 邦博。教授の専門は、ヒトの環境生理学。ヒトが潜水するときに体内で起こる生理学的変化を研究していた。ただし、僕がこの研究室に入ったのは、ヒトの生理学を研究したかったからではない。この教授のキャラクターに惹かれたからだ。

大学教授というのは一風変わった人が多い、というのは世間での共通認識であろう。テレビなどに登場する「教授」というとたいてい、一癖も二癖もあるような人物であることが多い。もちろん、これはテレビ番組制作側がテレビ受けするような奇抜なキャラクターを選抜した結果であったり、あたかも彼らが変人であるかのように感じさせる演出によって、印象を操作されている部分もあるだろう。大学教授だからといって十把一絡げに変人というわけではなく、ごくごくフツーの人もいる。

僕が指導教官として選んだ関教授は、きわめてユニークなキャラクターのもち主であった。

まず、講義がなんだかふつうではない。講義名は「環境生理学」と銘打ってあるものの、内容はというと「浮気の生物学」、「お金の儲け方」、「ギャンブルに勝つ方法」、「運がよくなる方法」など、およそ大学での生物学の講義とは思えないようなものだった。たとえば「浮気の生物学」の回では、チンパンジーの交尾行動を観察した研究を紹介したうえで、人間が浮気をするのは自然の成り行きだと結論づけるなど、わりと物議をかもしそうな内容も含んでいた。

しかし、この教授の講義は僕にとって新鮮であり、魅力的に映った。学科のほかの教員たちの、高校までの授業の延長線のような予定調和的な講義に飽きあきしていたからだ。

僕は当時、生態学に興味があった。研究室に籠って実験するというよりは、野外のフィールドに出て動物を追いかけ回すような研究に憧れていたのだ。熱帯雨林や、南の海をフィールドにするような研究をしてみたい。そんなイメージを抱いていた。子どものころは昆虫少年で野外で虫を探すのに夢中になっていた。だが、生態学を専門にしていた教授の講義も、教科書をだらだらと板書するような退屈なものだった。そして、その教授にも彼自身の研究内容もまったく魅力がなかった。この教授からは研究に対する情熱はまったくないように感じられたのだ。

大学四年生になるときに、配属を希望する研究室を探さなくてはならない。だが、いくら生態学に興味があるとはいえ、このような教員の研究室にいってもおもしろくないよなぁ、と感じていた。

そこで、研究内容はひとまずおいて、何だかわからないが人間的に不思議な魅力のある関教授の研究室の門を叩いたのだ。そして、このときの選択がきっかけとなり、僕はクマムシ研究者としての道を歩むことになるのである。

クマムシとの出会い

僕がはじめてクマムシのことを知ったきっかけは、テレビ番組の「たけしの万物創世記」で紹介されていたのを見たことだった。一九九八年のことだ。僕はこの番組が特別好きなわけではなかったが、いつものようにお茶の間でぼーっとテレビを眺めていたら、その変な生きものが目に飛び込んできたのだ。

番組ではクマムシのことを極端な脱水にも超低温にも耐える生物、と紹介していたように思う。水の中を歩いているクマムシが、周囲の水がなくなるにつれて丸まっていき樽状態に変身するようすは、僕の脳に強いインパクトを残した。もともと虫が好きだった僕は、この生物の姿と能力に惹きつけられた(図1・1)。

「こんなすごい生物がいるのか。でも昆虫でもダニでもないみたいだし、何のなかまの生きものなんだろう?」

この番組の放映後しばらくの間、クマムシのことを定期的に思い返していた。

その年、僕は神奈川大学理学部応用生物科学科に入学していた。本当は昆虫を研究できる学科の大学に

図1・1 クマムシの一種ヨコヅナクマムシの走査型電子顕微鏡写真(撮影：荒川和晴).

進学したかったのだが、それは叶わなかった。昆虫を研究できる学科のある大学のほとんどは国公立大学であり、高校生のときにろくに勉強をしてこなかった僕は、浪人しても国公立大学に入れるだけの学力はつかなかったのだ。それでも高校時代の知人らは、僕が大学に入れたことに驚いていた。それもそうだろう。高校時代はずっと劣等生で、高校三年生のときの最後のテストでは学年でビリ、三科目で三百点満点中十七点しかとれなかったような人間が競争倍率が一倍以上の入試をパスしたのだから。

神奈川大学への入学はやや不本意ではあったが、この大学に入ったことでクマムシとの縁ができることになる。きっかけは、あの関教授だ。

本来、関教授は人体に関する研究が専門なのだが、なぜかクマムシの研究でも成果をあげていた。ある雑誌でクマムシのことを知った教授は研究を開始し、クマムシが水深六万メートルに相当する超高圧環境のもとでも生存できることを世界で初めて発見したのである。講義では、その研究論文が世界最高峰の科学雑誌『Nature』に掲載されたことを得意気に話していた。

僕はその話を聞いて、「おー、クマムシすごいなー。何にでも耐えられるんだなー」と感心すると同時に、「テレビでも紹介されていたし、こんな大学でも研究している人がいるなんて、やっぱり注目されていて大勢の研究者が研究している生物なんだな。おもしろい生きものだから、そりゃそうだよな」と思っていた。

クマムシとの遭遇

関教授の研究室に配属されたあと、僕はクマムシの研究をするつもりなどなかった。世界中の多くの研究者たちによって、クマムシの耐性のからくりや生態が、研究し尽くされているにちがいない。今さらクマムシを研究しても、新しい発見をするのは難しいだろう。そう考えていた。

僕は、多くの人と同じことをしたくない、という天の邪鬼な性格のもち主だ。だから、多くの研究者が研究しているであろうクマムシのことを敬遠していたところもある。

この性格は、物心ついた三歳くらいから、僕の中に備わっていた気がする。保育園の遠足に出かけても、いつも列からはみ出して、どこかに歩いていった。だから、遠足ではいつも三人の保育士さんが僕の両隣と後ろを固めてブロックしていた。

また、両親が弁護士なので、幼い頃から「将来は弁護士に」というプレッシャーが、僕の周りには自然と存在していた。弁護士の子どもが弁護士になるパターンはひじょうに多い。親の知り合いが集まる場に行くと、決まって「大きくなったら何になりたいの?」と尋ねられた。そこにいたほかの子どもたちはそろって「べんごしぃ!」と答えていた。その子どもたちの親もまた、弁護士だ。場は、和やかな笑いに包まれる。そんな予定調和な空気が、生理的に受けつけなかった。おとなたちは、僕もほかの子どもたちと同じ回答をすることを期待していた。だが、僕の答えはいつも「でんしゃのうんてんしゅ」だった。おとなたちは気まずそうに苦笑いを浮かべる。その反応を見て、僕は勝ったような気分になり、自分のことを誇らしく感じていた。おとなから見れば嫌な子どもだろう。

僕としては、ほかの子どもたちが何の疑いもなく親の言うことや皆のやっていることに追従するのが、不思議でしかたがなかった。あとになってからわかったことは、ほとんどの人は従順であり、また、マジョリティーの中にいないと不安になるらしい、ということだった。天の邪鬼な自分は、どうやら珍しい存在だと気づいた。

成長しても、そんな性格は変わらなかった。中学三年生のころになると、皆といっしょに学校に行くのが嫌になってきて、家を出かけたあとに学校に行かずにゲームセンターで格闘ゲームの手腕向上に努めたり、公園でハトといっしょにパンを食べたりした。中学と高校は出席日数がギリギリで卒業できたものの、勉強をした記憶はほとんどない。とにかく、マジョリティーの中にいることに居心地の悪さを強く感じていた。

そんな性格なので、すでに大きな研究コミュニティーができあがっている（と思っていた）クマムシ研究に参入する気にはなれなかったのである。

通常、研究室に配属された四年生は、指導教官から卒業研究のテーマを与えられることが多い。だが、関教授は学生の自主性を尊重していたため、学生が研究テーマを自由に設定することを認めていた。

僕は、昆虫の生態学的な研究をしようと漠然と考えていた。関教授は昆虫の生態学は専門外だったため、研究計画は自分で立てなければならない。アリの行動生態学、アフリカでのバッタの大発生のメカニズム、ツノゼミの性的二型の進化機構。これらのテーマがおもしろそうだと感じていた。だが、いくつか研究計画書を書いて関教授に渡したものの、具体的な計画になっていないという理由で却下される日々が続いていた。また、このころ僕は、ほかの大学の大学院を受験するための試験勉強の方にウェイトを置いていたため、正直に言うと卒業研究が二の次になっていたのだ。

そんなこんなで、気がついたら七月になっていた。そして、その日はやってきた。僕の人生を左右する運命の日だ。この日、関教授らが運営するバイオベンチャー企業「バイオバンク」のプロモーションビデオの撮影が、研究室でおこなわれた。このプロモーションビデオの撮影のために、研究室で大学院生時代にクマムシの高圧耐性の研究をおこなっていたＯＢの豊島正人さんが訪れていた。プロモーションビデオにクマムシを登場させるため、クマムシを持ってきたのである。

豊島さんは、スライドガラスの上にクマムシを乗せ、顕微鏡で僕に見せてくれた。リアルクマムシを見た第一印象は、「とにかくかわいい」だった。一ミリメートルにも満たない無脊椎動物なのに、肢の動きはまるで哺乳類のように見えた。むくむくとした体つきが、なんともたまらなかった。

豊島さんはクマムシの身体の周りの水を、ガラスピペットで少しずつ取り除いた。そして、クマムシの周りに残されたほんの少量の水が自然に蒸発するのを待つこと数十分。周囲の水がすっかり蒸発すると、クマムシは身体を縮めて動かなくなってしまった。干からびたクマムシは、とても生きているとは思えないような、みじめな姿だった。

そんな干物になったクマムシに、豊島さんは水をかけてやった。そして待つことさらに数十分、クマムシの肢の一本がかすかに動き始めたのだ！　クマムシは乾燥しても水に戻せば復活する、ということを知識としては知っていても、それを実際にライブで見ると本当に感動した。

そしてこのとき、たしかに聞こえたのだ。クマムシが、僕の心を揺さぶる音が。

カーブのすっぽ抜けが真ん中やや高めに甘く入ってきた

豊島さんに見せてもらったクマムシが僕の心を揺さぶり、研究対象にすべき生きものはこれだ！　と直感的に感じた。それまで何ヶ月も卒業研究のテーマの選択で悩んでいたところに突如として現れたクマムシに、僕の心はすべてもっていかれたのだ。クマムシの研究には、多くの研究者が参入している。その事実があったとしても、研究をしてみたいと思わせるだけの魅力が、クマムシにはあった。

婚活で何度も何度もお見合いパーティーに参加しても理想の相手が見つからなかったのが、同じ会社の

図1・2　片山俊明さんが運営していたウェブサイト「クマムシゲノムプロジェクト」のロゴ.

他部署から異動してきた同僚に一目惚れしてしまった、あの感覚と同じだ。とはいえ、婚活も会社勤めもしたことがないので、本当に同じ感覚かどうかわからないが。

何はともあれ、クマムシを研究対象にしようと決心し、さっそくクマムシのことを調べようと思った。まず、Googleで「クマムシ」と単語を入れて検索してみると、三百件くらいの項目しかヒットしなかった。日本語で書かれたクマムシの本がないかと思い検索してみたが、皆無だった。

クマムシはテレビにも取り上げられ、関教授らは『Nature』にクマムシの論文を出していたので、てっきりこの生きものがメジャーな存在だと思っていた僕は、インターネット上でのクマムシのプレゼンスのなさにちょっと驚いた。

それでもとりあえず、Googleの検索結果で一番上に表示されていた「クマムシゲノムプロジェクト」という頁をクリックしてみた（図1・2）。「クマムシのゲノムプロジェクトなんてやっているのか？」と思いながらこの頁を覗いてみると、クマムシの耐性や生態について、それなりの情報が載っていた。

そして、クマムシのゲノムプロジェクトについては、

「十億円あればできるので、誰かお金ください」

といったようなことが書かれていた。ああ、クマムシのゲノム解析をおこなうプロジェクトはまだまだ計画段階なんだな、と思った。

このウェブサイト「クマムシゲノムプロジェクト」は、京都大学の大学院生だった片山俊明さんが作成し、運営しているものだった。当時は、このサイトが日本語ではもっとも詳しくクマムシのことを解説しており、クマムシ入門者だった僕にとっては、良いとっかかりとなった。

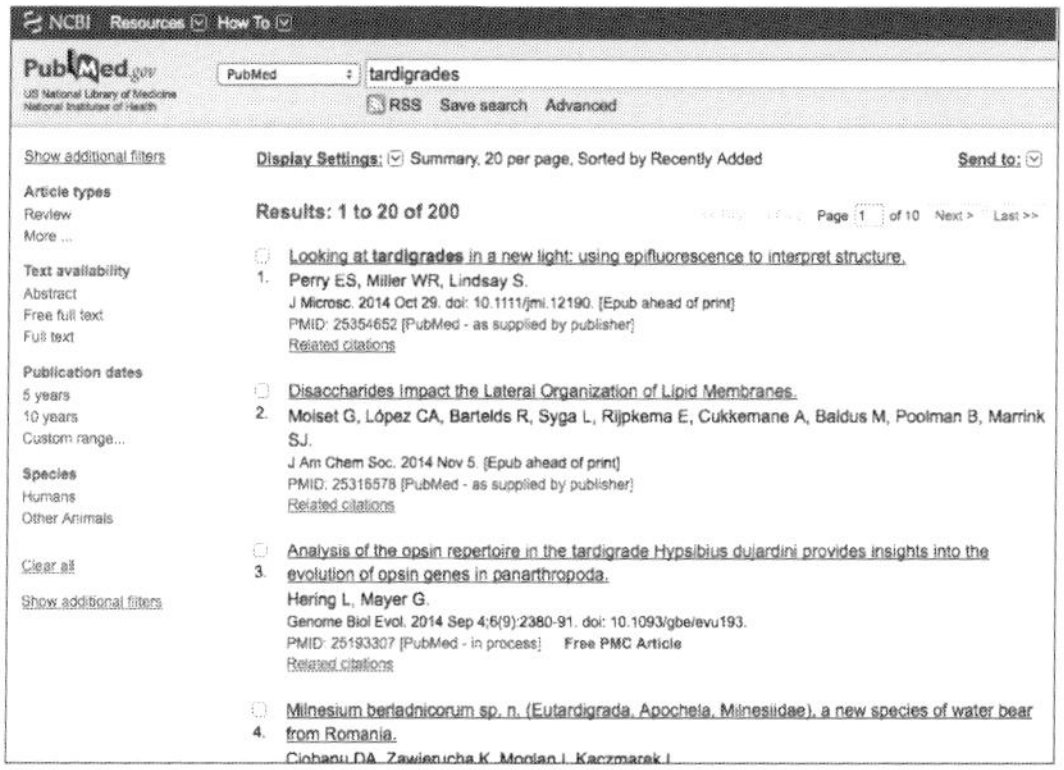

NCBI Resources How To
PubMed.gov US National Library of Medicine National Institutes of Health
PubMed tardigrades
RSS Save search Advanced

Show additional filters
Article types
Review
More ...
Text availability
Abstract
Free full text
Full text
Publication dates
5 years
10 years
Custom range...
Species
Humans
Other Animals
Clear all
Show additional filters

Display Settings: Summary, 20 per page, Sorted by Recently Added Send to:

Results: 1 to 20 of 200 Page 1 of 10 Next > Last >>

1. Looking at tardigrades in a new light: using epifluorescence to interpret structure.
Perry ES, Miller WR, Lindsay S.
J Microsc. 2014 Oct 29. doi: 10.1111/jmi.12190. [Epub ahead of print]
PMID: 25354652 [PubMed - as supplied by publisher]
Related citations

2. Disaccharides Impact the Lateral Organization of Lipid Membranes.
Moiset G, López CA, Bartelds R, Syga L, Rijpkema E, Cukkemane A, Baldus M, Poolman B, Marrink SJ.
J Am Chem Soc. 2014 Nov 5. [Epub ahead of print]
PMID: 25316578 [PubMed - as supplied by publisher]
Related citations

3. Analysis of the opsin repertoire in the tardigrade Hypsibius dujardini provides insights into the evolution of opsin genes in panarthropoda.
Hering L, Mayer G.
Genome Biol Evol. 2014 Sep 4;6(9):2380-91. doi: 10.1093/gbe/evu193.
PMID: 25193307 [PubMed - in process] Free PMC Article
Related citations

4. Milnesium berladnicorum sp. n. (Eutardigrada, Apochela, Milnesiidae), a new species of water bear from Romania.

図1・3　アメリカ国立医学図書館(NLM)の国立生物工学情報センター(NCBI)が運営する医学・生物学分野の学術文献検索サービス，PubMedのサイト．2014年12月現在，tardigrades(クマムシ)で検索すると200報の関連論文がヒットする．ちなみに，このうち6報の論文は僕が筆頭著者のものである．

その六年後、僕は実際に片山さんと会うことになり、いっしょに本物のクマムシゲノムプロジェクトを進めることになるとは、当時は想像もできなかった。

片山さんのクマムシゲノムプロジェクトから得られた情報を吸収したあと、より多くのクマムシ情報を手に入れるため、クマムシに関する論文を検索することにした。まず、PubMedというバイオ系の英語論文を検索するサイトで「Tardigrades（クマムシ）」と単語を入れて検索してみた（図1・3）。

そして、また驚いた。クマムシに関する学術論文も、ほとんどヒットしなかったのである。世界でも、クマムシはほとんど研究されていないことがわかった瞬間だ。

通常であれば、過去の知見がほとんどない研究対象や研究テーマというのは手を出したくないものである。

ある対象についての研究を進めるうえで参考となる資料がほとんどないということは、研究の方法などについても自分で試行錯誤して開発しなければならないからだ。

しかし、天の邪鬼の僕は色めきたった。見かけのかわいさ、特殊能力の格好よさ、そして世界でもほとんど研究されていないマイナーな存在。カーブのすっぽ抜けが、ストライクゾーンの真ん中やや高めに甘く入ってきた。そんな研究対象は、めったにお目にかからない。

そう。ここはうまく前でバットをさばき、確実にレフトスタンドにボールを叩き込まなくてはいけない。

そしてこのとき、まだ研究の「け」の字も何も知らない若者は、密かにこんな野望も抱いた。

「ほとんど研究されていないクマムシ、もしかしたら将来、自分が世界の第一人者になれるかも」と。

コラム　クマムシとは

クマムシは体長が一ミリメートル以下の、四対の肢をもつ小さな無脊椎動物である。よく昆虫のなかまに誤解されるが、緩歩動物門(Tardigrada)というグループを構成する。一方、昆虫類は節足動物門(Arthropoda)に入る。エビ、カニ、クモ、そしてダンゴムシも節足動物門に属する。クマムシ、つまり緩歩動物門には一千以上の種類がいる。系統分類学上、緩歩動物門は、節足動物門、そして、カギムシで構成される有爪動物門(Onychophora)などと近く、これらの分類群は汎節足動物として単系統になると考えられている。ただし、分子系統解析では、緩歩動物門は線形動物門（Nematoda）に近いとするデータもあり（Philippe et al., 2005）、クマムシの系統上の位置についてはいまだに議論が続いている。

クマムシは大きく真クマムシ綱と異クマムシ綱の二つのグループに分けられる。真クマムシ綱の身体は全体的に細長く、白っぽい色の種類が多い。異クマムシ綱はややずんぐりした体型をしており、装甲のような外皮をもっていたり、体表に突起をもつものも多い（Kinchin, 1994）。

クマムシは、その歩くようすがクマのようにみえることから、英語では「water bear」と呼ばれる。これを和訳したのがクマムシである。学名はTardigradesというが、これはラテン語で「のろいやつ」という意味だ。

クマムシの頭部には、眼点とよばれる眼のような器官がある（図1）。小さな眼点は、クマムシのかわいらしさを演出する大きなポイントだ。眼点のない種類をみると、やや残念な気持ちになる。クマムシは眼点で光を感じとっていると考えられている。丸く突出した形状の口は、土管のようにもみえる。頭部には脳もある。肢の先端には鋭いかぎ爪があり、これで物にしがみつく。クマムシには、種類によってオス・メスがある場合もあれば、メスしかいない場合もある。

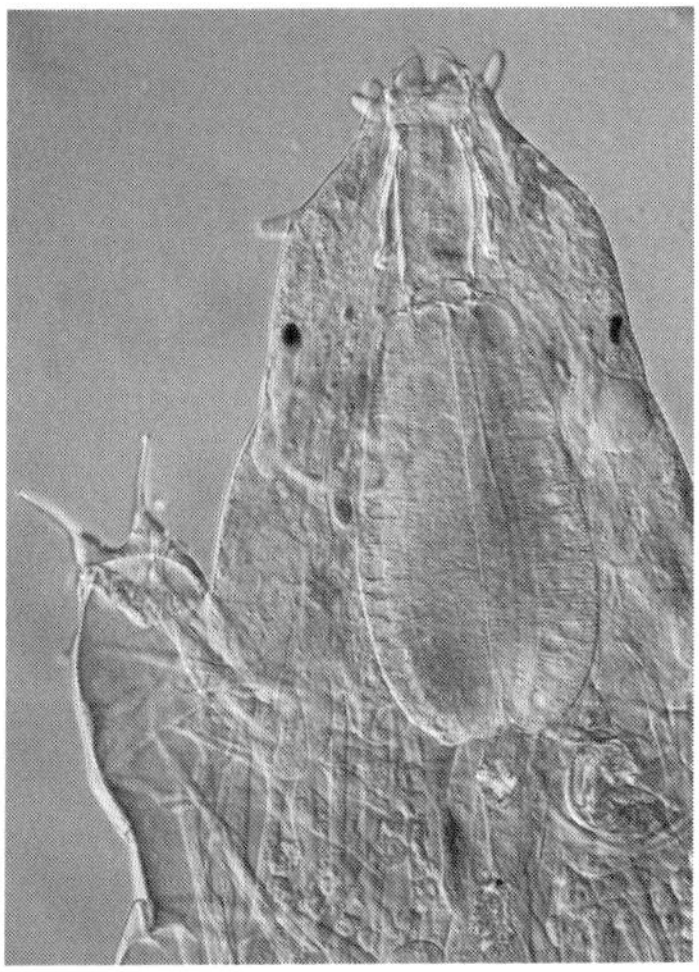

クマムシ研究者の数が少ないこともあり、クマムシの生態については、まだはっきりとわかっていないことが多い。「どんなものを食べているのか」といった、基本的なことすら、ほとんどの種類のクマムシについては知られていないのだ。クマムシの食性

図1　オニクマムシの頭部．小さな眼点がみえる（撮影：松井 透）．

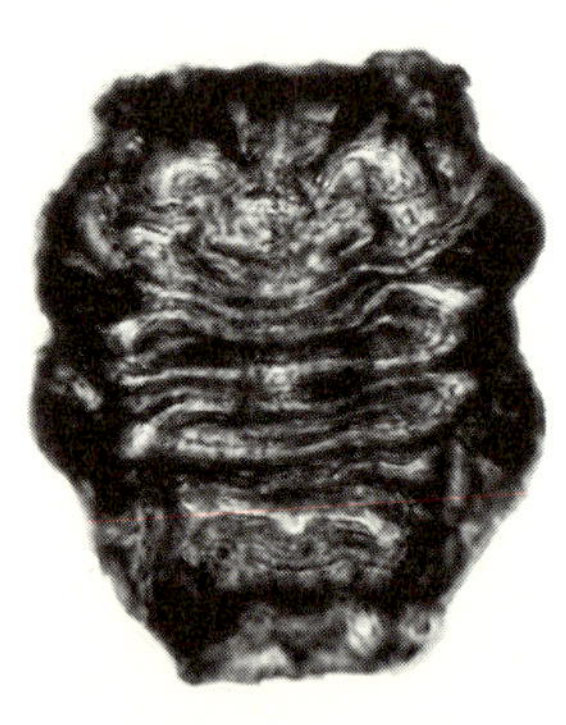

図2　乾眠状態の真クマムシの一種(撮影：堀川大樹).

は、種類によって異なる。ツメボソヤマクマムシ *Ramazzottius varieornatus* のように藻類を食べる植食性の種類もいれば、オニクマムシ *Milnesium tardigradum* やリヒテルスチョウメイムシ *Paramacrobiotus richtersi* のように微小動物のワムシやセンチュウを食べる肉食性の種類もいる。肉食性のクマムシには、ほかの種類のクマムシを食べるものもいる。雑食性の種類のクマムシもいる。クマムシを補食する天敵としては、他種の肉食性のクマムシやセンチュウがいる。飼育観察をしていると、クマムシがカビや原生生物のようなものに感染して死ぬ場合もたまにみられる。

クマムシの生息域は広範だ。海に棲む種類もいれば、山に棲む種類もいる。南極や北極などの極地にもみられるし、熱帯雨林にもいる。市街地の路上の干からびたコケにも、頻繁にクマムシがみられる。ただし、基本的にすべての種類のクマムシは水生動物である。彼らが活動するためには、自分の周囲に水が存在しなければならない。

しかし、ほとんどの陸生クマムシの種類は、水のない乾燥した環境の中でも生き延びることが可能だ。これらの種類のクマムシは、周囲から水がなくなると体の中から脱水がおき、「乾眠」とよばれる無代謝の仮死状態に移行する。このとき、身体はつぶされた空き缶のように縦方向に縮み、樽とよばれる形態になる(Kinchin, 1994)(図2)。この乾眠状態では、体内の水分は〇～三パーセントほどである(Wright, 2001)。乾眠状態にあるクマムシは、降雨などにより吸水すると、活動を再開する。

のちほど述べるように、乾眠時のクマムシは、とてつもない極限環境に耐えることができる。マイナス二七三度の低温（Becquerel, 1950）、百度の高温（堀川ら、未発表）、ヒトの致死量のおよそ一千倍に相当する線量の放射線（May et al., 1954; Horikawa et al., 2006）、アルコールなどの有機溶媒（Ramløv and Westh, 2001）、紫外線（Horikawa et al., 2013）、水深一万メートルの七十五倍に相当する圧力（Ono et al., 2008）、真空などさまざまな種類の極限的ストレスに耐えられる。あとで述べるように、放射線に対しては通常の活動状態でも高い耐性をもつ。

さらに、乾眠状態のクマムシの一部は、宇宙空間で真空と紫外線にさらされたあとも生存したという報告もある（Jönsson et al., 2008）。欧州宇宙機関（ＥＳＡ）などの共同研究グループは二〇〇七年、宇宙機Foton-M3の実験カプセルにクマムシを含めたさまざまな生物を搭載し、低軌道に打ち上げ、乾眠状態のクマムシが宇宙空間（低軌道）に十日間さらされた。この環境で真空とともに一平方メートルあたり七万五千キロジュールというとてつもない線量の紫外線（波長一一六・五〜四〇〇ナノメートル）を照射されたオニクマムシのうち、わずかな割合（三パーセント未満）ではあったものの、生き延びた個体が確認されたのだ。

このような耐性能力の高さから、クマムシは「地上最強の生物」といわれる。

クマムシの圧力耐性

ここで、関教授と豊島さんがおこなったクマムシの高圧耐性に関する研究について紹介したい。

関教授はある日、クマムシという生物がとてつもない極限環境にも耐え抜くという科学記事を目にする。さっそく、クマムシがどの程度の高圧に耐えられるのか、過去の文献を調べてみたが、クマムシの高圧耐性に関する報告はほとんど見つからなかった。そこで、この生物がどれだけの圧力に耐えられるか試してみることにしたのだ。

関教授は当時大学院生だった豊島さんとともに、乾燥状態のクマムシを加圧用カプセルに入れて密閉し、二百メガパスカル（およそ二千気圧、水深一万メートルの圧力に相当）の高圧をかけてみた。減圧したのちに乾燥クマムシに水を与えてしばらくあとに観察すると、予想に反してクマムシは全滅していた。やはり、クマムシといえど二千気圧もの圧力には耐えられないのだろうか？　しかし、関教授らは、減圧後のクマムシの身体の形が実験前と変化していることに気づいた。

クマムシは乾眠状態ではカラカラに乾いたうえに、図２（コラム クマムシとは）のように丸まって「樽」のような形をしている。

しかし、加圧・減圧の処理をしたあとのクマムシは身体が破裂して、体液が漏れているものが数多くいたのだ。

乾眠状態であれば、クマムシの体内に水分は存在しないはずである。関教授らは、高圧処理をすると乾燥クマムシが水を吸ってしまったため、このようなことが起こったものと推測した。というのも、圧力が高くなると空気中に気体として存在している水分、すなわち水蒸気が液体の水になるからである。

もう少し詳しく説明しよう。

たとえば今、あなたの部屋の相対湿度が五十パーセントだったとしよう。あなたのいる部屋はだいたい地上に近いところにあるとして、気圧は一気圧であるとする。そしてあなたの部屋を密閉して、海に沈めてみる。温度が変わらなければ、深く沈むほど部屋の中の圧力が増していき、部屋の湿度は六十パーセント、七十パーセントと上昇していく。そしてついには湿度百パーセント、水蒸気が飽和した状態になる。これは、水が水蒸気として存在できる限界の状態である。そして、これよりも部屋の圧力が高まると、気体である水蒸気が液体の水になり、あなたの部屋の床やベッド、本などが湿りはじめるのだ。

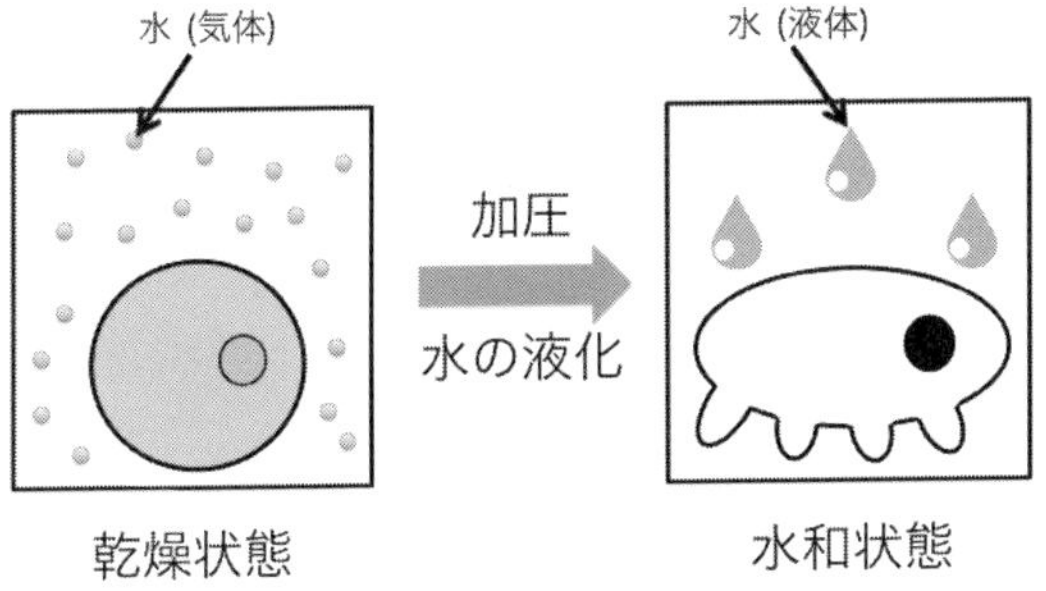

水（気体）
水（液体）
加圧
水の液化
乾燥状態
水和状態

図1・4　カプセル内を加圧すると，空気中の水分が液化して乾燥クマムシが水和し，活動状態になってしまう．

クマムシを加圧した実験でも、これと同じことが起こったものと関教授らは考えた。クマムシを入れた加圧用カプセルを加圧する段階で、カプセル内の空気中に存在していた水蒸気が液化して水になり、乾燥状態のクマムシが吸水した（図1・4）。これによって、水でふやけたクマムシが、そのまま高圧にかけられることになってしまったのだ。これでは、水を含んだ通常の活動状態のクマムシに高圧をかけているのと結果的には同じである。

どのようにすれば、クマムシを乾燥状態に保ったまま高圧にさらす実験ができるのだろうか。カプセル内の空気中に含まれる水蒸気を取

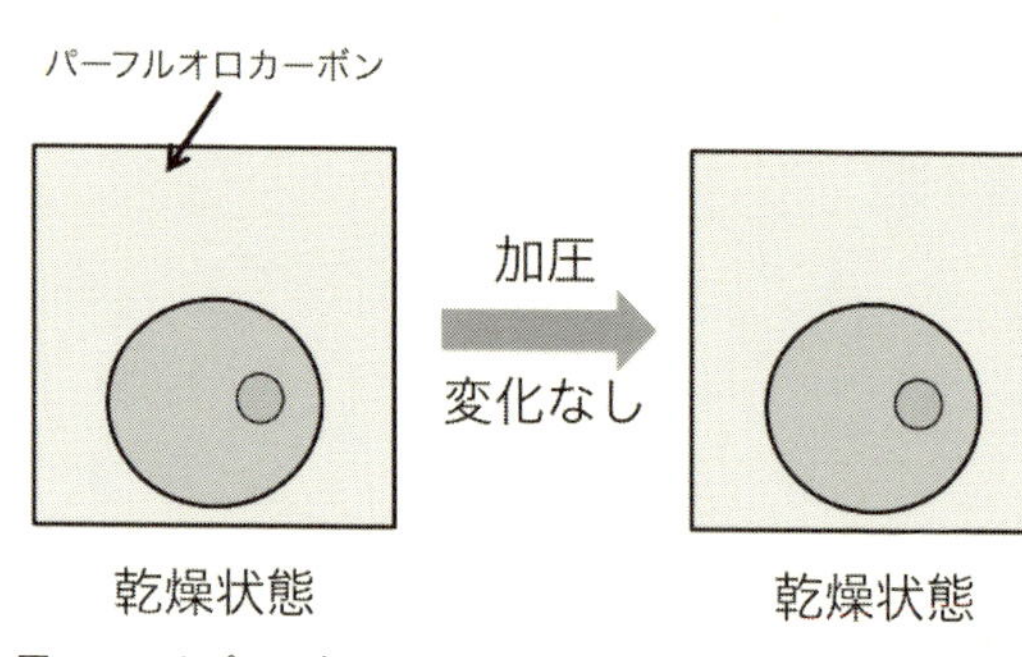

図1・5　カプセル内をパーフルオロカーボンで満たすことで，カプセル内の水分を排除できる．この条件であれば，クマムシを乾燥状態のまま加圧できる．

り除けば、問題は解決するはずである。しかし、どうやって？

思案を重ねた結果、関教授は一つのシンプルな解決策にたどりついた。

それは、水を含まない無害な液体をカプセル内でクマムシの周囲に満たすというものだった。具体的には、パーフルオロカーボンという不活性のフッ素系化合物を用いたのである。このパーフルオロカーボンは常温で液体であり、冷蔵庫の冷媒としても使われる。

関教授らは、乾燥したクマムシをカプセルの中に入れ、そこにパーフルオロカーボンを満タンに流し込んでカプセルを密閉した。こうすることで、カプセル内から空気を追い出し、水蒸気が入り込む余地をなくせると考えたのだ。

そして、六百メガパスカル（およそ六千気圧、水深六万メートルの圧力に相当）まで加圧し、その後、減圧してクマムシをカプセルから取り出した（図1・5）。

パーフルオロカーボンを取り除き、クマムシに水をかけて固唾を飲んで待っていると、クマムシが動きだしたのだ。つまり、動物が超高圧に耐えることを初めて発見した瞬間だった（Seki and Toyoshima, 1998）。

パーフルオロカーボンの中でクマムシにかかった圧力は静水圧とよばれ、パスカルの法則によって全方向から均一に圧力がかかる。発泡スチロールでできたカップラーメンの容器を深海に沈めて高静水圧をかけると、元の容器の形が保たれたまま小さくなる。これは、全方向から均一に圧力がかかるためである。たまに誤解されるが、高圧に耐えるといっても、たとえば針の先でクマムシを押したりすると、身体が破壊されて死んでしまう。一つの方向から過度な物理的な力が加えられると、クマムシといえども耐えられない。

とはいえ、通常、生物が六百メガパスカルもの静水圧をかけられると、タンパク質が変成したり脂質の流動性が低下するなどして死ぬ。たとえば、生卵にこのような高静水圧をかけると、ゆで卵のようになる。周囲の温度が室温であっても、である。

ところで、これらの現象は、すべて生物体の中に水があるために起こる。乾眠状態のクマムシの体内には水がほとんどなく、あったとしても生体分子の表面に結合している結合水とよばれる状態で存在すると考えられている。身体の中に水分をほとんど含まないクマムシは、高圧によって生体分子が変成することなく、生存できたものと結論づけられる。

クマムシが脱水して乾眠状態になると、極限環境にさらされてもあとで給水すれば蘇生できる。ヒトの臓器も乾燥させることで長期間保存が可能になるのではないだろうか。関教授は、クマムシの研究からこのアイディアを思いつき、「バイオバンク」というベンチャー企業を設立した。

現在、ヒトの臓器、たとえば心臓の場合は保存液に浸して〇〜四度で低温保存する方法が一般的だが、この方法では最長で六時間ほどしか保存できない。これでは、臓器移植の提供者（ドナー）から摘出された臓器を輸送できる地理的範囲が制限されてしまう。移植用臓器を安定的に長期保存できるシステムが開発されれば、臓器移植を待つ多くの患者の命が救われることになるのだ。

もしも、バイオバンクがこのシステムを開発すれば、会社の株価は数百倍になる可能性がある。このような可能性を夢見ていたため、関教授は研究室に配属されたときのオリエンテーションでビジネスの話をしていたのである。

ここで誤解がないように言っておきたいが、関教授は金儲けのためだけにベンチャー企業を興したわけではない。もちろん、彼や社員は大金持ちになることを夢見ていたが、それ以前に科学の力を本当に信じていた。科学で世の中を変えたいと強く願っていた。

「科学とは非常識を常識に変えるものである」

関教授が口癖のように言っていたモットーである。

変な優越感

クマムシという絶好の研究対象と出会って意気揚々としていた僕だったが、この生物を用いてどんな研究をすればよいのか、皆目見当もつかなかった。ただ、とりあえずやらなければいけないことは、クマムシについての基本知識を学ぶことと、クマムシの採集の方法を知ることだった。

当時、クマムシについて日本語で書かれた本はなく、英語で書かれた本が一冊だけ出版されていた。一九九四年に出版された『The Biology of Tardigrades』という本だ。この本は、イギリス人のIan M. Kinchinさんによって書かれている(図1・6)。

この本はコンパクトにまとめられているものの、クマムシの分類や形態から生理まで幅広く解説してあり、入門書としてはなかなかの優れモノである。コンパクトとはいえ、それまで英語の本など読んだことのなかった僕には一章分、十頁そこそこを読むのもひと苦労だった。

一頁の中に知らない単語が十個以上あったりして、未知の単語に遭遇するたびにその意味を辞書で調べて読んでいったのだが、単語の意味を調べてから本文に戻ると文章の流れを忘れており、もう一度読み直して意味を把握する、というようなことを繰り返していた。

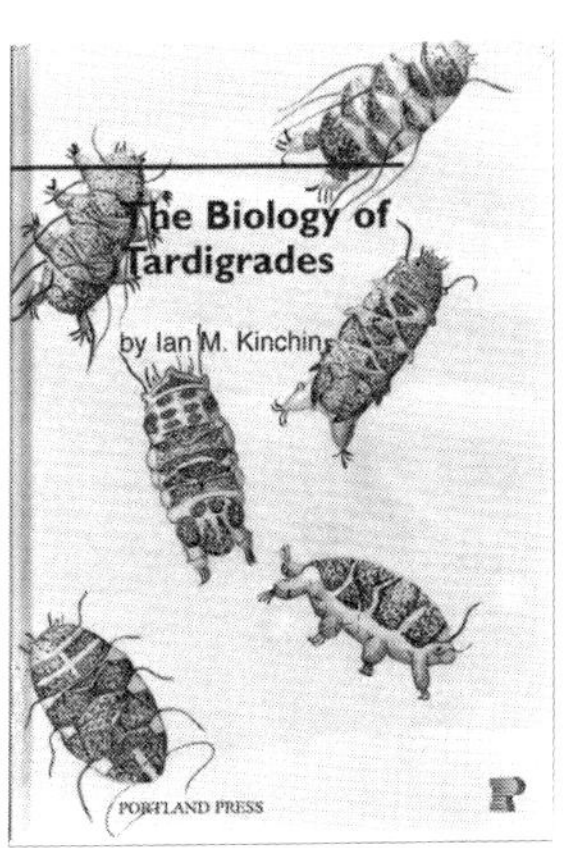

図1・6　クマムシ学の入門書『The Biology of Tardigrades』(イアン M. キンチン著).

もっとも、理系の大学院に進学するような人間は、日頃から英語で書かれた論文を読まなくてはならない。当然、自分も乗り越えなくてはならないハードルである。

その後、大学院に進学して実際に多くの英語論文を読まなければならなかったが、不思議なもので、英語論文は数多く読んでいくうちに、自然と読めるようになっていった。

けっきょく、卒業研究の間は、この本の中の三章分くらいしか読めなかった。それでも、クマムシというマイナーな存在についての知見を吸収したことで、ちょっとした達成感を得られた。「世の中のほとんどの人が知らないクマムシのことを知っている」という変な優越感もあった。

クマムシについてある程度知ったところで、次は、クマムシの採集方法について学ばなければならない。これについては、豊島さんに教えてもらえることになった。

そして豊島さんからは、思いがけずクマムシ学の大御所に紹介してもらえることにもなったのだった。

クマムシの酒

僕が豊島さんから紹介してもらえることになったクマムシ研究界の大御所とは、東京女子医科大学名誉教授の、宇津木和夫さんである。

豊島さんが大学院の修士課程時代にクマムシの研究をしていたとき、クマムシの採集や実験での取り扱い方などについては、宇津木さんから教わっていたのだ。というのも、豊島さんの指導教官である関さんはクマムシそのものについては専門外で、クマムシの採集方法や生態については詳しくなかったからだ。

宇津木さんはクマムシの分類と生態の専門家で、日本国内ではクマムシ研究者としてもっともキャリアの長い研究者だった。そんな宇津木さんが、クマムシの研究を始めようとしたばかりのまだ学部生の僕を、ご自宅のディナーに招いてくれたのだ。

僕はとても緊張したが、豊島さんといっしょに手巻き寿司をごちそうになりながら、宇津木さん、そして宇津木さんの奥さんと楽しくお話しさせてもらった。宇津木さんは、威厳がありながらも穏やかさの漂う博物学者という感じだった。

宇津木さんからは、クマムシの採集方法や採集場所について教えてもらったほか、みずから撮影したクマムシの電子顕微鏡写真も見せてもらった。その美しいクマムシの写真は、宇津木さんのクマムシへの愛情で溢れていた。

奥さんからは、宇津木さんのクマムシ愛を物語るエピソードをいくつか聞いた。ツアー旅行に行っても一人だけクマムシが棲んでいそうな道端のコケをチェックしているため、グループから取り残されてしまうという話や、北海道で「熊ころり」という銘柄の酒を見つけては「これはクマムシの酒だ!」とテンションがあがり何本も購入してしまったこと、などなど。たいへんお茶目な方である。

さて、宇津木さんと豊島さんからクマムシの採集と観察の方法を教えてもらった僕は、いよいよ実際にクマムシの採集に出かけることにした。場所は、実家の近くの多摩川河川敷である。

アドバイスにしたがって、乾燥しているコケを適当にピンセットではぎ取って封筒に入れて持ち帰り、シャーレにコケを入れて水で浸した。一晩たち、シャーレからコケを除いて顕微鏡で観察してみた。

顕微鏡の視野には土の粒だけが映っており、まるで黒いゴミの山を眺めているようだった。こんなところに、本当に生きものがいるのだろうか…?　と思っていると、不意に何か半透明なものが視界を横切った。

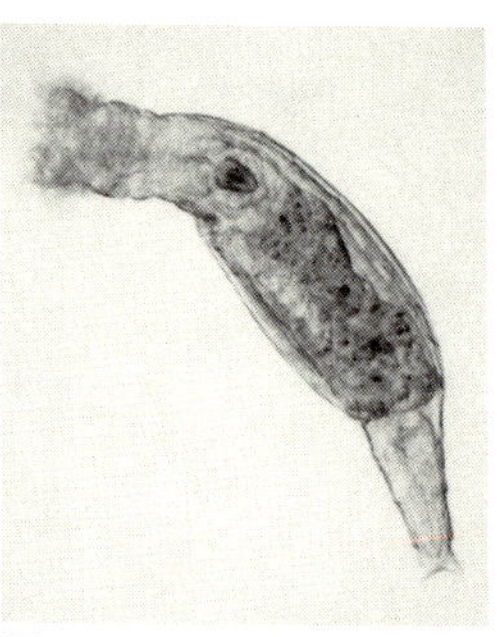

図1・7　ヒルガタワムシ
Habrotrocha rosa
（Credit: Rkitko
Creative Commons）.

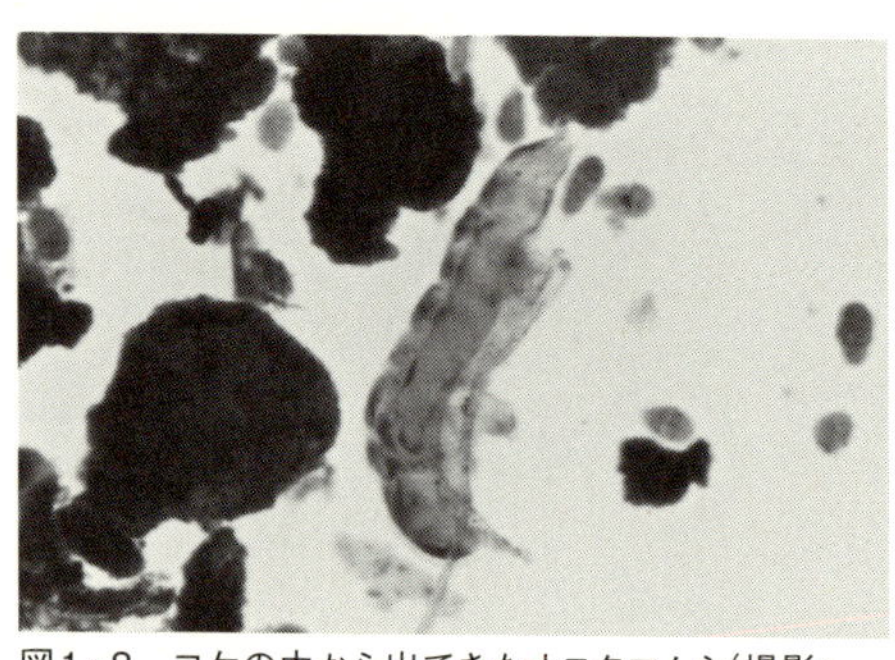

図1・8　コケの中から出てきたオニクマムシ（撮影：堀川大樹）.

「クマムシだ！」

そう思って興奮し、横切った物体を一生懸命に目で追いかけて観察してみると、頻繁にうねうねと身体を動かしているのがわかった。

「これはクマムシに違いない！」

ところが、妙なことに気づく。この生きものには、肢がなかったのだ。クマムシであれば、肢があるはずである。

そう。これはクマムシではなく、ワムシであった。今ではワムシとクマムシの違いは〇・一秒ほどで判別できるのだが、クマムシ初心者にとっては、ワムシはひじょうに紛らわしい存在である（図1・7）。

ワムシもクマムシと同様、乾眠能力をもつ。つまり、野外では雨が降って水が存在する場合では活動しており、水が無くなって乾燥すれば乾眠状態でやりすごす。クマムシと同じく乾燥したコケに棲んでいるのは、同じような生態地位（ニッチ）を占めているからだ。

せっかく見つけた生きものがクマムシでなかったことがわかり、ドキドキが落胆へと変わった。

しかし、その直後、のしのしと歩くやつが視界を横切った。クマムシである。今度こそまちがいない（図1・8）。

本物のクマムシを見るのは、豊島さんに見せてもらっていらい二度目のことだったが、自分が採集してきたコケからクマムシを見つけたこのときの興奮は、今でも忘れられない。

クマムシは、まるでクマかイヌの動きのように、本当に生きいきとしながら元気に歩き回っていた。無脊椎動物とは思えない動きだ。あらためて、そう感じた。

このとき、二〜三時間くらいずっと、僕はクマムシを観察していた。深く愛着を感じる生きものであることを実感し、クマムシを対象として研究していく決意を新たにした。

とはいえ、いったいクマムシの何について研究したらよいのだろうか？

着手

どうせなら、クマムシのストレス耐性について研究をしてみたい。クマムシはこれまでに高圧や超低温などのさまざまなストレスに耐えることが知られているが、まだ知られていないほかの種類のストレスにも耐えられるかもしれない。

ほかの大学の大学院入試のための勉強に時間を費やしていたこともあり、ときはすでに九月になっていた。関教授からのアドバイスもあり、乾眠状態のクマムシが高濃度酸素の曝露に耐えられるかどうかを研

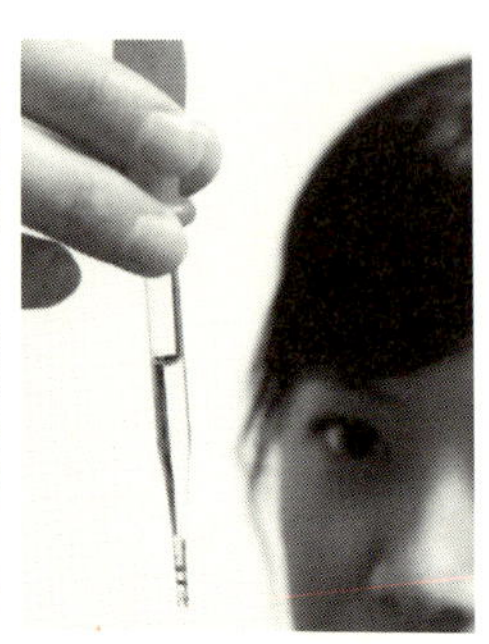

図1・9　パスツールピペット.

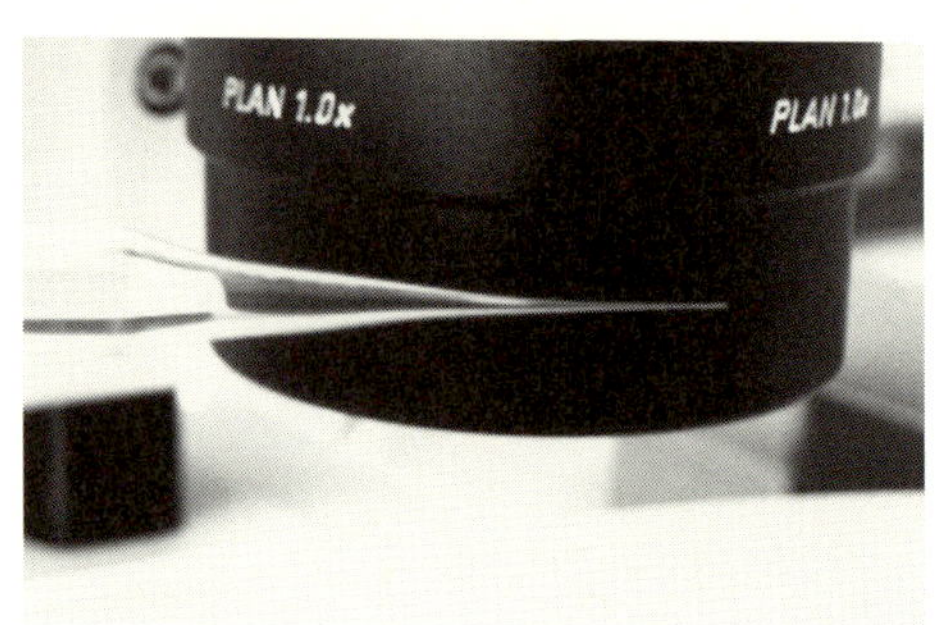

図1・10　先端を細く加工したパスツールピペット.

究することにした。酸素は好気性生物がエネルギーを作り出すうえで欠かせない分子だが、それと同時に酸素は毒にもなる。活性酸素が生体を損傷させるからだ。

この研究をおこなうには、実験材料であるクマムシ、それも同一種のものを数多く集めなくてはならない。そこで、豊島さんが研究していたときに使っていたヨーロッパチョウメイムシ *Macrobiotus hufelandi* が高密度で棲んでいるコケの場所を教えてもらった。

そのコケは、横浜の桜木町のオフィス街の路上の隅っこにあった。スーツを着た会社員たちが通りすぎる脇で、僕はなるべく急いでコケを採取し、封筒に入れた。

持ち帰ってコケを水で戻して翌日に顕微鏡で観察すると、おびただしい数のクマムシがシャーレの中でもがいていた。まさにあの場所は、「クマムシのパラダイス銀河」だったのだ。

這い出してきたクマムシは、ガラスでできたパスツールピペットで水といっしょに回収する（図1・9）。

ふつうのパスツールピペットだと、先端が太すぎてクマムシを吸い込むときに余分なゴミもいっしょに大量に吸い込んでしまう。そのため、ガスバーナーを使ってパスツールピペットの先端を細くする。この作業が、けっこう難しい。このクマムシ専用のパスツールピペットを上手に作るためのテクニックを習得することも、クマムシを研究するうえで必須だ(図1・10)。

このピペットを使って顕微鏡を覗きながらクマムシを吸い取っていくわけだが、これまたかなり難しい。ピペットの先端を〇・三ミリメートル程度のクマムシの身体のそばまで近づけ、指でペットについたゴムキャップを微妙な力加減で押したり離したりしながらゴムキャップの中の空気量を調節することで、クマムシを吸い取ったり出したりする。

この地味な作業は、人によって若干の向き不向きがある。一つ目に指先の器用さ、二つ目に細かい作業を続けられる忍耐力が必要となるからだ。もっとも、クマムシへの愛があれば忍耐できるので、これは問題にならない。

さて、この研究では、乾眠状態を高圧酸素環境にさらす必要がある。つまり、ピペットで回収した活動状態のクマムシを乾眠状態にする必要がある。どのようにしてクマムシを乾かせ眠りにつかせるのか?

そこで、クマムシを人工的に乾眠状態にする方法を豊島さんに教えてもらった。

クマムシは乾燥すると脱水して乾眠状態に移行するが、このときにゆっくりと乾く必要がある。通常、実験室でクマムシをスライドガラスの上に放置して乾かした場合は、クマムシが急激に乾燥するため、うまく乾眠に入れずに死んでしまうのだ。うまく乾眠に入ったクマムシは、酒樽のような形をした樽状態になるが、急激に乾燥した場合は身体が伸びた状態でぺちゃんこになって干からびてしまう。こうなると、

図1・11　ピペットを使ってクマムシを水といっしょにろ紙に置いて乾燥させると，うまく乾眠に移行させることができる．

あとで水をかけてもクマムシが復活することはない。

野外でクマムシが乾燥する場合、クマムシのすみ家であるコケごと乾くことになる。このとき、クマムシは水を含んだコケのクッションに囲まれているため、急激に乾燥することはない。クマムシは高湿度の条件でゆっくりと乾いていく。たとえるなら、お風呂上がりに濡れた髪を乾かすとき、頭にびしょ濡れのバスタオルをぐるぐる巻きにした上からドライヤーをあてるようなものである。バスタオルに包まれた湿った髪は、当然なかなか乾かないだろう。完全に乾くまでには、丸一日かかるかもしれない。

実験室でクマムシをうまく乾燥させるには、クマムシの周りに高湿度環境を作りだす必要がある。もっともてっとり早いやり方は、ろ紙を使う方法だ。これが、豊島さんに教えてもらった方法だった。

この方法では、ピペットを使ってクマムシを水といっしょにろ紙の上に載せて乾燥させる。ある程度水を吸ったろ紙は、乾燥するまでに時間がかかる。このため、湿ったろ紙の上にクマムシを置くと、クマムシは高湿度の環境でゆっくりと乾燥していく。このような条件で乾燥したクマムシは身体を縮めて樽状態となり、うまく乾眠へと移行することができるのだ（図1・11）。

実際にこの方法を試して、室内で三日間乾燥させたクマムシに水を与えると、ほとんどの個体が二十分以内に動きだした。乾燥させたクマムシが蘇ってくれる姿を見ると、自分がプチ魔法使いになったような不思議な感覚がした。

ところで、なぜクマムシはゆっくりと乾かさないと乾眠に移行できないのだろうか？

現在のところ詳しいことはわかっていないが、乾眠に移行する際には生体膜などを乾燥から保護するための物質の合成が不可欠であると考えられている。急激に乾燥すると、乾眠になる際に必要な物質を合成するのが間に合わないために死んでしまう、というのが有力な仮説である。

クマムシの乾燥方法も学んだところで、ようやく酸素を曝露する実験にとりかかった。

クマムシを誰かにやらせようと思っていた

時間軸を少し遡るが、今回は大学院受験にまつわる話をしよう。

先述したように、僕はもともと動物生態学に興味があった。じつは、すでに学部三年生の終わりごろには、他大学の大学院修士課程に進学し、動物生態学を研究することを考えていた。

どこの大学院の研究室に進学するべきか、動物生態学を研究している研究室をインターネットで探し、おもしろそうな研究をしている七～八つの研究室に見学に行くことにした。学部四年生の五月、まだクマムシの研究を始める前のことだ。

北は北海道大学から南は九州大学まで、日本列島を横断しながらさまざまな研究室を訪れた。さながら旅行気分であった。

とはいえ、よその大学の教授にアポイントメントをとって話を聞きにいくのは、ひじょうに緊張するイベントだった。研究室訪問とはいえ、ネガティブな印象を相手に与えれば、大学院試験の合否にも影響があると思っていたからだ。僕は一般企業への就職活動は経験していないが、研究室訪問のときの緊張感は就職活動の際の面談のそれと似ているかもしれない。

研究室訪問で教授たちいじょうに僕に対して緊張感を与えたのが、そこにいた大学院生たちの存在である。いくつかの研究室では、セミナーにも出席させてもらったが、ズバズバと発表者を質問攻めにしている大学院生らの攻撃的な姿を見て、

「なんて場違いなところに来てしまったんだろう」

と、後悔することもあった。あるセミナーでは、発表も議論もすべて英語でおこなわれており、僕に質問がふられても英語をまったく理解できないために何も答えられず、恥をかいただけで終わってしまうこともあった。まるで、よその国にいきなり放り込まれたような気分だった。

そんななか、北海道大学地球環境科学研究科の東 正剛研究室は、ひじょうにのんびりとした雰囲気が研究室内に漂っていて居心地のよさを感じた。研究室内の本棚には研究室員らが持ち寄ったと思われる大量の漫画本が並んでおり、やや退廃的ながらもくだけた感じが気に入った。

東教授は見た目は迫力があったが、放任主義ということで束縛されるのが嫌いな自分にとっては相性が良いと思った。東教授の専門はアリの社会生態学だが、学生は魚類から哺乳類まで、各自が好きな生きも

のを研究対象にしていた。なんとなく北海道に住んでみたいというフワフワした願望もあり、この北大の東研究室を受験することにした。

受験は九月。このときにすでに卒業研究でクマムシを研究することは決めていたのだが、大学院でクマムシを使ってどんな研究をすればよいのかは思いつかなかった。そこで、面接のときにはツノゼミの形態の進化について研究したい、と伝えた。

東教授からは

「いや〜ツノゼミ、誰かにやらせようと思っていたところなんだよ」

との返答。

大学院入試をぶじにパスし、この翌年の四月に東研究室に配属された。そのとき、ツノゼミではなくクマムシをやりたいと教授に告げると

「いや〜クマムシ、誰かにやらせようと思っていたところなんだよ」

との返答。

東教授がちゃんと考えて返答していたかどうかは別として、学生主導でやりたいことをやらせてくれる、放任主義の指導教官で本当によかったと思えた瞬間である。

卒業研究

卒業研究の話に戻ろう。研究テーマのタイトルは「高酸素分圧環境がクマムシの生存に与える影響」である。

クマムシは乾眠状態で長期間生存が可能である。しかし、高分圧酸素、すなわち濃い酸素環境は生物にとって有害だ。疾患が起きたり寿命が縮まるのは、私たちの身体が活性酸素種などによって酸化されるからだ、という見方が有力である。そういえば、漫画『ジョジョの奇妙な冒険・第6部』（荒木飛呂彦作／集英社）でも、周囲の環境の酸素濃度を高めて相手に酸化ダメージを与える能力がでてきた。

さて、というわけで高分圧酸素環境では、クマムシの生存期間が縮まることが予想される。これを検証するため、乾眠クマムシを容器の中に入れて高分圧の酸素で充填しようと考えた。容器は、高圧に耐えられるものの方がベターである。たとえば二気圧の環境における百パーセント濃度の酸素の「量」は、一気圧の百パーセント濃度酸素、つまり私たちがふだんいる大気圧で百パーセント濃度の酸素の「量」の二倍になる。

というのも、気体は圧力に比例して圧縮されるため、同じ容積の容器であれば高圧にするほど多くの酸素を閉じ込めておくことができるからである。

東京ドームの中の圧力も、大気圧よりも高く保たれており、中で空気が圧縮されている。そのため、東京ドームの中から外に出るときには内部の圧縮された空気が外に流れるため、その風で吹き飛ばされそうになるのだ。ちょうど、空気を入れた風船の栓を抜いたみたいに。

　少し説明がくどくなったが、ようするに高圧に耐えられる容器を使えれば、高圧の酸素、つまりたくさんの量の酸素を入れることができるので、クマムシへの酸素の影響を評価しやすい。

　ところが残念ながら、そのような耐圧性の容器は研究室では用意できなかった。そのため、通常のガラス製のデシケータを使って、大気圧下でのクマムシの酸素曝露実験をおこなった。

　乾眠状態にしたクマムシをデシケータの中に入れ、デシケータの蓋をワセリンで密閉した。デシケータのパイプを通じてボンベで酸素を送り込み、内部の酸素濃度をおよそ九十パーセントにした。この状態で十日間保存したあとにクマムシを外に取り出して水をかけ、生存を観察した。

　本当はもっと長期間高分圧酸素環境下で保存したかったのだが、卒業研究論文の提出が迫っていたことから、泣くなくこの程度の期間しかとれなかった。

　結果は、高分圧酸素を曝露した場合も通常の空気中（二十パーセント酸素）に置いた場合も、ほとんどのクマムシが乾眠から復活し、両条件の間に差は見られなかった。

　ようするに、クマムシへの酸素の影響はよくわからない、という何とも不満足な結果になってしまったのである。これが、もっと高圧の酸素を曝露したり、曝露期間が長ければ、結果は違っていたかもしれない。

　僕の卒業研究論文のデータは誰がどう見ても不十分なものであり、自分自身も納得のいくような代物ではなかった。だが、関教授からはクマムシを扱った実験技術を習得した部分を評価してもらい、何とか卒業することができた。

第2章
クマムシに没頭した青春の日々

パワーエコロジー

二〇〇二年春、神奈川大学をあとにし、北海道大学大学院地球環境科学研究科の東教授の研究室にやってきた。当時、東研究室には全部で二十人以上のメンバーが在籍しており、各々が特定の動物についての生態学研究をおこなっていた。

研究対象とする動物は、東教授が専門とするアリやハチなどの社会性昆虫をはじめ、スズメやタカなどの鳥類、テンやクマ、そしてテングザルなどの哺乳類と多岐にわたっていた。

研究室でクマムシを研究対象にする人は僕が初めてだった。僕が研究室に入ってから、東教授は「クマムシからクマまで」を研究室のモットーとして使い始めた。多様性に富む研究対象動物を扱う、東研究室の特徴をよく表すモットーだ。

研究室の特徴としては、野外でのフィールド調査を重視していることが挙げられる。とにかく外に出て動物を追いかけまわす、そういう研究スタイルだ。頭ではなく、まずは身体を使え。そういうことである。

研究室では、このようなスタイルでおこなう生態学研究をパワーエコロジーとよんでいた。いくら机上で仮説を考えていても、野外にいる動物の実際の生態はわからない。自分の身体を使って野外でとことん観察し、データをとることが大切なのである。そして、研究室員たちは、そのあり余るパワーで世界中の場所をフィールドに研究活動をしていた。東教授ももちろんその例外ではなく、その調査域はアフリカや南極までおよんだ。

肉体を使ったフィールド調査をメインにおこなう研究室員が多かったためか、研究室は体育会系の雰囲気を濃くおびていた。大学院の研究室に所属しているというよりは、どこかの体育会系の部活の中にいるような、そんな気分であった。飲み会も頻繁におこなわれ、明け方まで飲んでいることも珍しくなかった。

背中に深く突き刺さるナイフのような視線

そんな体育会系の研究室でクマムシの研究を新たにスタートさせることにした僕であったが、案の定、研究テーマはすんなりと決まらなかった。学部のときもそうだったが、学生の自主性を重んじるタイプ（別名、放任主義）の指導教官が主宰する研究室では、学生の自由が保証されているぶん、研究計画を自分で一から考える必要があるのだ。

そこでとりあえず、研究室のパワーエコロジーの教えにならい、フィールド調査から始めることにした。札幌市内の、どこにどんな種類のクマムシが生息しているかを、調査することにしたのだ。

まずは北海道大学の構内。コケはあまり生えていなかったが、街路樹の表面には地衣類がびっしり生えていた。クマムシは、地衣類からもよく見つかる。そこで、ほぼ片っ端から樹表の断片とともに地衣類を採取した。

そして、札幌市を流れる豊平川沿いを移動しながら、道路に生えるコケを見つけてはそれを採取して茶封筒に入れた。一地点で採取するコケは、せいぜい数十グラム程度だったが、数十地点から採取するとコケの重量は相当なものになった。

当時は移動手段に自転車を使い、コケのサンプルをリュックに入れていた。大量のコケが入ったリュックを背負いながらの自転車による野外採集は、思いのほか重労働である。まさに、パワーエコロジーを地でいっていた。秋ごろまでには、札幌市内でのべ二百地点ほどからコケを採取していた。

ところで、市街地でコケや地衣類を採取する姿は、どうしても人目を引いてしまう。川沿いなどはあまり人がいなかったが、札幌駅周辺などでコケを採取していたときは、通行人から投げかけられる鋭い視線が背中にグサグサと刺さった。

とくに一度、北海道庁前で採取作業をしていたときには、相当アヤシイ人間に思われた。

このとき、コケや地衣類を回収する際に、ややナイフに似た金属製のヘラを使っていたのだが、このヘラを持って観光客で賑わう北海道庁前をウロウロしていた。

想像してみてほしい。どこかに向かって歩くわけではなく、道路の脇をじろじろ見ながらうろついている、でかいリュックを背負っている青年。彼の右手にはナイフのような道具、そして左手には茶封筒。明らかにふつうの事態ではない。

そのとき、周囲の通行人たちは怪訝な視線を僕におくりながら、半径三メートル以内に近づかないようにしていた。変質者のように見られるのが、辛かった。まだ若かった僕は、人目を無視できるだけのスルー力を持ち合わせていなかった。修行が足りなかったのだ。

さて、そんな苦行のようなことをしながら採取した大量のコケや地衣類を実験室に持ち帰り、さらにそこからクマムシを回収する必要がある。これはわくわくする作業であるのと同時に、かなりつらい作業でもある。
だが、この札幌でのパワーエコロジーによるクマムシ採集の結果、運命のクマムシと出会うことになるのであった。

コラム　クマムシの採集と観察

ここでは、クマムシの採集と観察の方法を紹介しよう。海でも川でも森でもクマムシを採集できる。もっとも採集しやすいロケーションは市街地だ。彼らが棲んでいそうな路上のコケを採取すればよい。

図1　市街地で見つけた乾燥したコケ．コケはヘラや薬さじで採取し，封筒に入れる．

まずはカラカラのしょぼいコケを探す。このようなコケにはクマムシが潜んでいる可能性が高い。ヘラや薬さじでコケを採取し、封筒に入れる（図1）。コケを見ても、その中のクマムシを見つけることはまずできない。採取したコケを持ち帰り、シャーレの中で水に浸して一晩待つ（図2）。こうすることで、コケの中で乾眠状態だったクマムシが吸水して復活し、コケの外に這い出てくる。実体顕微鏡でシャーレの中をのぞいて、クマムシを探して見つける（図3）。クマムシ初心者の場合、このときの倍率は二十〜三十倍ほどが望ましい。クマムシ観察用の実体顕微鏡は、観察台の下から光が当たる、透過型のタイプがおすすめだ。実体顕微鏡はやや高価だが、道具をそろえてクマムシの採集と観察をぜひ実行してみてほしい（図４）。

図2　持ち帰ったコケをシャーレに入れ，給水する．一晩待つと，コケの中からクマムシが這い出てくる．

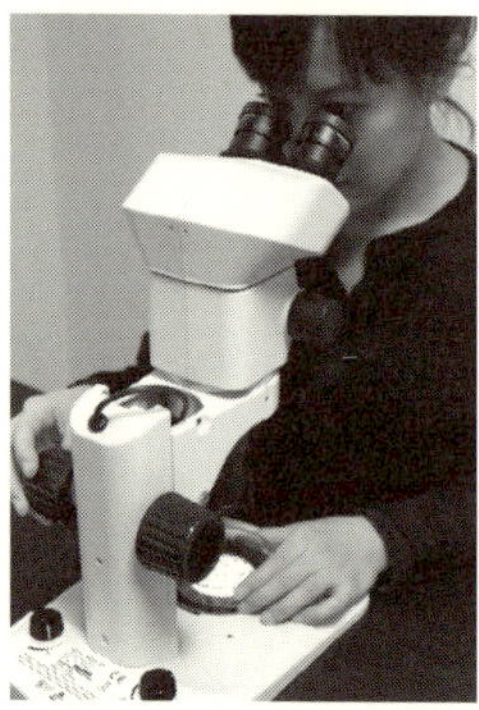

図3　シャーレの中のクマムシを，実体顕微鏡で探して観察する．

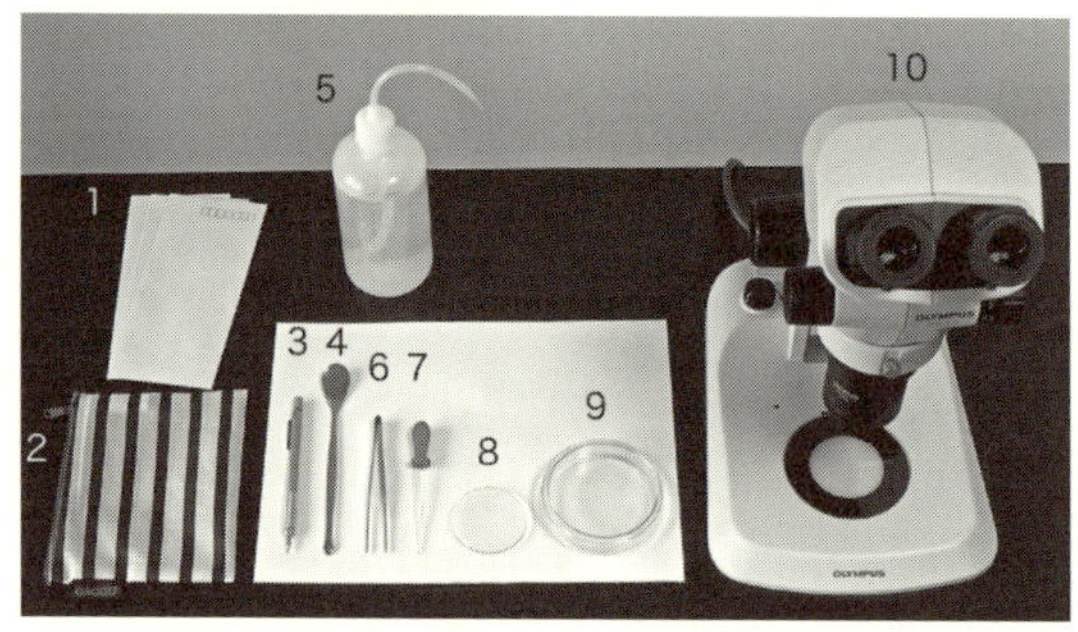

図4　クマムシの採集と観察に必要な道具．①封筒，②ポーチ，③シャープペンシルなどの筆記用具，④薬さじ，⑤洗浄瓶，⑥ピンセット，⑦スポイト，⑧時計皿，⑨ガラスシャーレ，⑩実体顕微鏡．

運命のクマムシ

変質者に勘違いされながらも採取してきたコケや地衣類を、実験室でベールマン装置にかけた（図2・1）。

ベールマン装置は、土やコケや地衣類などから微小動物を抽出するための装置である。ろう斗の上部にコケや地衣類などの試料を置いて水で浸し、一晩かけてろう斗の下にクマムシを落とす。この方法だと、多量の試料から一気にクマムシを集めることができる。

下にたまった水をシャーレに回収し、実体顕微鏡を覗きながらクマムシを探し、ピペットを使って回収していった。

図2・1　ベールマン装置．ろう斗に金網をセットし，その上にコケを乗せて水を浸す．ろう斗の下はゴムホースでつなぎ，コックを閉めておく．コケから這い出てきたクマムシは下に落ちる．コックを開ければ，落ちたクマムシを簡単に回収することができる．

コケや地衣類のサンプルには、クマムシがまったく見られないものもあれば、多数出てくるものもある。また、数十センチメートルしか離れていない二地点の一方のコケからはクマムシが多数出てくるが、もう一方のコケからはまったく出てこない、ということも多い。コケの中で、クマムシは固まってコロニーのようになって存在している場合も多いようだ。

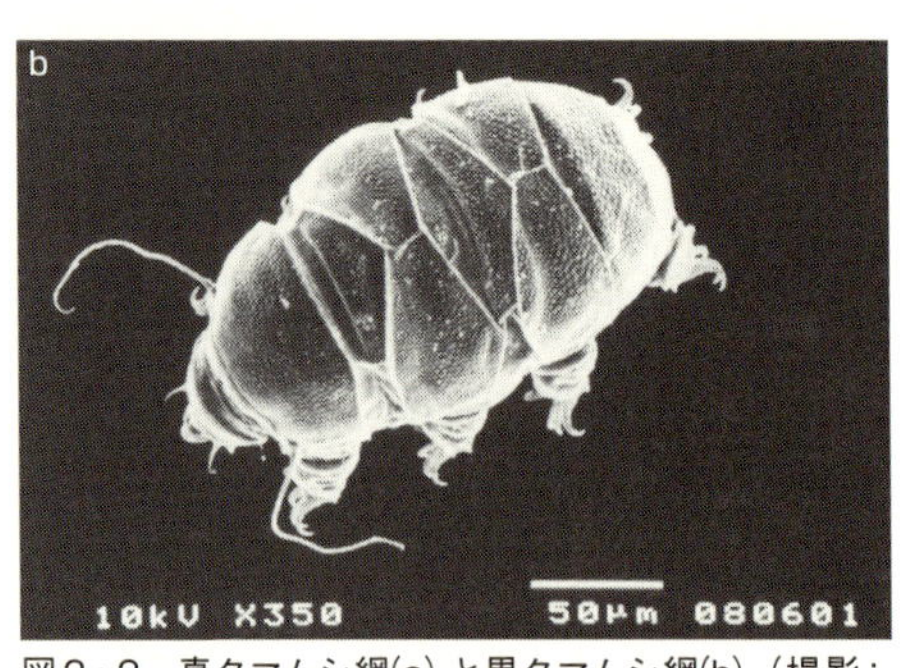

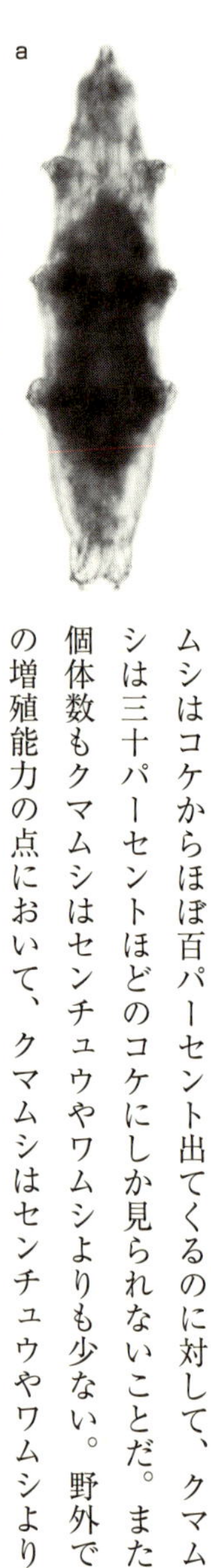

図2・2　真クマムシ綱(a) と異クマムシ綱(b)（撮影：阿部 渉）.

多くのサンプルを調べていて気づいたのが、センチュウやワムシはコケからほぼ百パーセント出てくるのに対して、クマムシは三十パーセントほどのコケにしか見られないことだ。また、個体数もクマムシはセンチュウやワムシよりも少ない。野外での増殖能力の点において、クマムシはセンチュウやワムシより劣っているのだろう。

ちなみに、クマムシ採集を続けていると、クマムシが棲んでいそうなコケを見た目で判別する能力が向上する。僕はこれを「コケリテラシー」と呼んでいる。今では、採取したコケの百パーセントちかくからクマムシが出てくる。

さて、もう一つ、興味深いことがわかった。東京や神奈川で調べたときには、ちらほら異クマムシ綱の種類が見つかったが、札幌で採取したすべてのコケと地衣類からは、異クマムシ綱の種類は一匹も見つからなかったのだ。

クマムシは大きく真クマムシ綱と異クマムシ綱に分けられる。真クマムシ綱はやや細長い形をしぶよぶよしたタイプで、異クマムシ綱は装甲のような外皮をもったクールなタイプだ（図2・2）。

ただし、北海道の日高にある佐幌岳山頂付近（標高一千メートルほど）で採取したコケからは異クマムシ綱の種類を見つけたことがある。もしかすると、北海道の平地は、異クマムシ綱の種類にとって棲みにくい環境なのかもしれない。

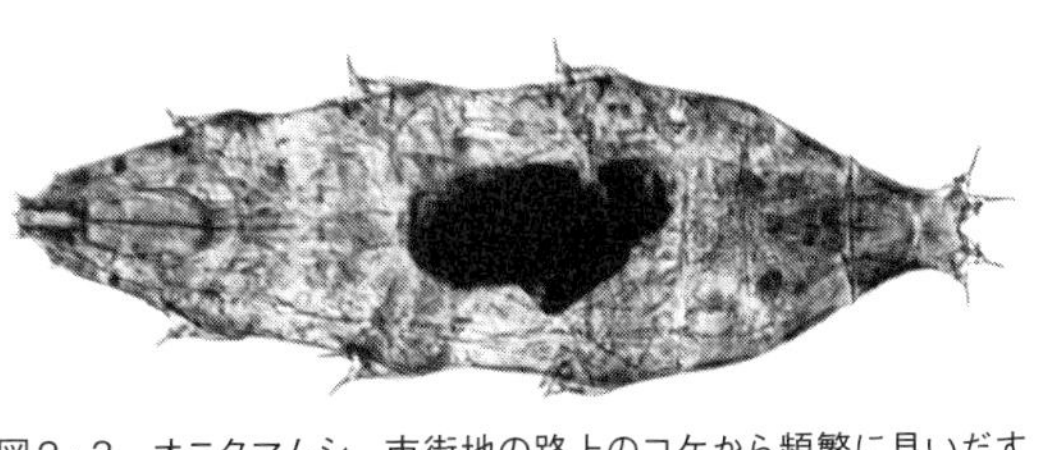
図2・3　オニクマムシ．市街地の路上のコケから頻繁に見いだすことができる（撮影：堀川大樹）．

回収したクマムシ、つまり真クマムシ綱の種類のほとんどは見かけがとても似かよっており、倍率二十倍ほどの実体顕微鏡で見るだけでは、種類の違いはまず判別できない。

そんななか、ぱっと見て他の種類と区別できるクマムシが二種類いた。その一つがオニクマムシである（図2・3）。

オニクマムシはとにかく体が大きく（といっても〇・七ミリメートルほどだが）、ほかのクマムシに比べて顔が面長である。そして、身体全体を左右に振りながら歩き回る。

このどう猛なオーラを放ちながら歩き回るオニクマムシが、豊平川にかかるM橋の上で採取したコケから多数出てきたのだ。

僕の場合、ある決まった種類のクマムシを使って研究しようと考えていた。この場所のコケを採りに行けば、安定してオニクマムシを使うことができそうだ。ひとまず安心だ。

そしてもう一種類、きわめて特徴的な見かけをしたクマムシが、オニクマム

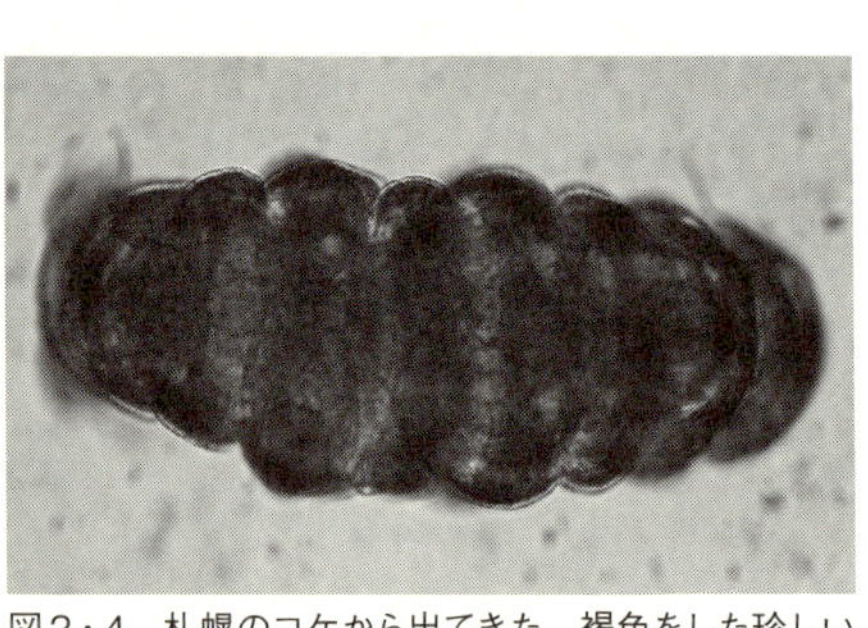
図2・4　札幌のコケから出てきた，褐色をした珍しいクマムシ(撮影：堀川大樹)．

シが多数見つかったのと同じM橋のコケから、やはりたくさん出てきた(図2・4)。

このクマムシは身体全体が赤褐色をしていた。見つかったその他のクマムシはすべて半透明の白色である。赤褐色をしたクマムシは、珍しい。また、身体もずんぐりしていて、肢の動きもヨチヨチボテボテしており、とてもかわいらしい。顕微鏡で数時間も眺めてしまうほど、出てきたクマムシの中で一番愛着のわいた種類だった。唯一の欠点は、眼点がなさそうなことだった。

そしてこのクマムシこそが、のちにヨコヅナクマムシと命名される、僕の運命を変えることになるクマムシなのであった。

このクマムシ何のクマムシ気になるクマムシ

M橋から見つかった、赤褐色のヨチヨチボテボテしたかわいいクマムシ。オニクマムシと同様、この種類もコケからたくさん出てくるので、今後の研究対象にすることができそうだと思った。

そこでまず、こいつがいったいどの種類のクマムシなのかを知る必要があった。さっそく、クマムシに関する文献を調べてみた。

全体のずんぐりした形と模様の特徴から、どうやらこれはツメボソヤマクマムシ属 *Ramazzottius* の一種らしいことがわかった。しかし、倍率五十倍程度の実体顕微鏡では、どの種かまでは判別できない。

ツメボソヤマクマムシ属には二十種類ほどがいる。「属」とは、「種」の一つ上のレベルのカテゴリーである。「都道府県」と「市町村」の関係と似ている。たとえば「北海道」が「属」、「札幌市」が「種」のような対応関係にある。

そこで、当時北海道大学大学院理学系研究科で学術振興会特別研究員ＰＤとして在籍していたクマムシ分類学の専門家、阿部 渉さんを訪ねた。

阿部さんが北海道大学にいることは宇津木さんから聞いていたので、北海道大学に入学してすぐに、僕は阿部さんに挨拶に行っていた。当時、日本でクマムシの専門家は三〜四人ほどしかおらず、阿部さんが同じ北海道大学にいたことは、僕にとってひじょうにラッキーであった。

阿部さんの机の脇の大きな棚には、クマムシの分類に関する文献が著者のアルファベット順に整然と並んでいた。実験台も綺麗に片づいており、無駄がない。

分類学者は、コレクター気質というか、たいへん几帳面な方々のようだ。整理整頓が苦手で、いつも何かをなくすような自分には向いていないなと、このとき悟った。

さて、阿部さんから教えてもらった方法で標本にした例のクマムシを見てもらった。阿部さん曰く、これはツメボソヤマクマムシ属の種類でまちがいないとのことだった。

クマムシは、種によって特定の器官の形態が異なっていたり、その長さや大きさが違っていたりする。

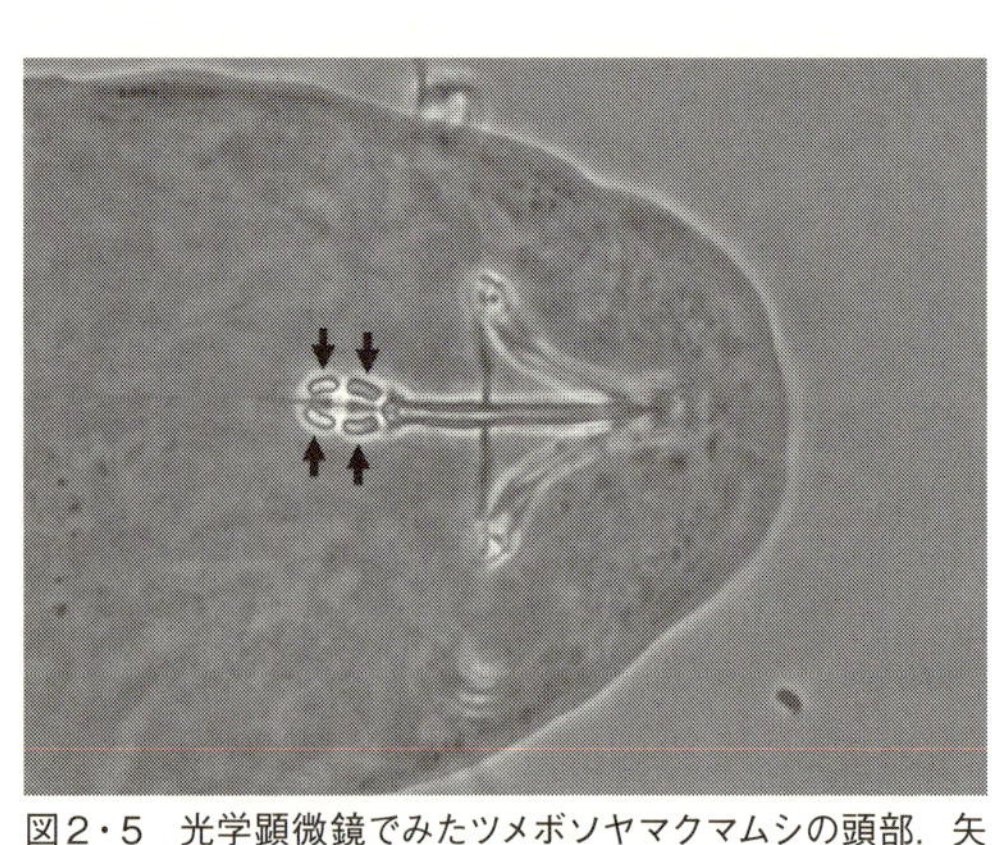

図2・5　光学顕微鏡でみたツメボソヤマクマムシの頭部．矢印の部分はプラコイドを示す(撮影：阿部 渉)．

そこで、これがツメボソヤマクマムシ属のどの種なのかを同定するために、見つけたクマムシの成体について、さらに標本を十個体ほどつくり、体長、口管の縦と幅の長さ、爪の長さなどを測定することにした。

これはなかなか、しんどい作業である。クマムシの器官の測定は、光学顕微鏡で八百倍ほどの倍率でミクロメーターを使って計測する。とりわけ、爪の長さや咽頭にあるプラコイドという微小な器官の長さはせいぜい数ミクロン(一ミクロン＝一千分の一ミリメートル)しかなく、これらの器官をミクロメーターを使って目盛りを合わせながら測定するのは、かなり神経をすり減らす作業であった(図２・５)。

計測したデータと、ツメボソヤマクマムシ属の種類が記載されている文献のデータとを、阿部さんに比較してもらった。

内心、「もしかしたらこの種類は新種なのでは？」と期待していた。だが、データからは、このクマムシがすでに知られているツメボソヤマクマムシ属の三種類によく似ていることがわかった。ただし、成体の個体を調べただけでは、このうちのどの種に該当するかはまだ不明である。

阿部さんからは、卵の形態も詳しく観察し、このうちどの種類に該当するかをさらに調べる必要があると言われた。

僕はこのクマムシを一個体ずつ、コケの破片といっしょに水の入った96穴のプレートに入れて飼育を試みた。このクマムシに卵を産ませるためだ。

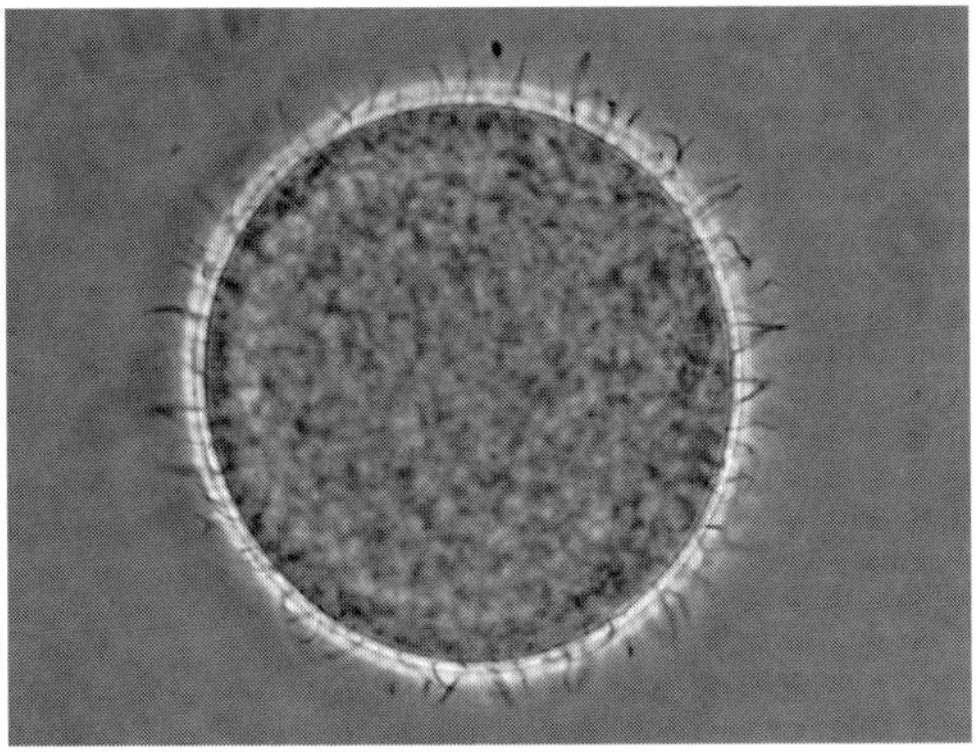

図2・6　ツメボソヤマクマムシの卵．表面にトゲのような構造がみえる(撮影：阿部 渉)．

数日してプレート内のクマムシを観察すると、コケの破片の表面に産みつけられた卵が見つかった。卵を回収して標本にするとともに、その親の個体も標本にした。

ちなみに、プレートに入れたクマムシたちは、数週間以内にすべて死んでしまった。彼らの十分な餌がなかったからなのか、環境の悪化のためなのか、原因はよくわからない。当時、飼育系が確立していたクマムシの種類は、ほとんどいなかった。

卵を観察すると、その表面にトゲのようなものがびっしりと生えていた(図2・6)。

卵のトゲの長さも測定し、そのデータを基に再度阿部さんに文献を調べてもらい、種の特定を急いだ。

手なずけられたフェレットのように

阿部さんといっしょに標本を解析したり文献を調べて種の同定をおこなったところ、一九九三年にイギリスのある家の屋根の樋から発見されて、記載された *Ramazzottius varieornatus* に酷似していることがわかった（*Ramazzottius* は属名で、この和名はツメボソヤマクマムシ属となる）。

ところが、両者の形質を細かく比較すると、完全に一致しない部分もある。阿部さんからは、札幌の種類はもしかしたら未記載種かもしれないと言われた。

「もしかしたら新種のクマムシを発見したのか?!」と微妙に興奮していた。その後このクマムシについて、阿部さんと僕との連名で日本動物分類学会で発表をした。

このクマムシ、もし新種として記載されるのなら、どんな名前がいいだろう？　などと考えをめぐらせていたが、けっきょく、新種と言えるほどの根拠に乏しいとの阿部さんの判断により、発見から二年後にはこの種類をイギリスで見つかったのと同じ *R. varieornatus* と呼ぶことで統一された。このときはまだ、*R. varieornatus* に対応する和名はなかった。

この *R. varieornatus* こそ、のちに僕がその飼育系を確立し、アメリカ、そしてフランスにも連れていって研究することになるヨコヅナクマムシ（和名）と命名されるクマムシなのである。

当時、このクマムシの飼育系を構築しよう、という考えはまったく思い浮かばなかった。それまでクマムシの飼育に関する研究例はほとんどなく、たいはんの研究者は野外のコケなどからクマムシを採集してそれを実験に使っていたからだ。そんななか、日本でオニクマムシの飼育系を確立した研究者がいるという情報を、阿部さんから耳にした。のちに名著『クマムシ?! 小さな怪物』(岩波書店)を世に送り出すことになる、慶應義塾大学の鈴木 忠さんである。

僕が修士課程一年の二〇〇二年の秋、神奈川県の慶應義塾大学日吉キャンパスにある鈴木さんの研究室を訪問できることになった。阿部さんの師匠のクマムシ研究者で、当時横浜国立大学教授の伊藤雅道さんが、僕のことを鈴木さんに電子メールで紹介してくれたのがきっかけだった。

鈴木さんに会ったときの第一印象は、「古き良き生物学者」であった。生きものの生きざまを、世の中に役立つかどうかなどまったく眼中になく、自分の興味の赴くままにマニアックに追求する学者。鈴木さんのシンボルマークでもある丸縁の眼鏡が、そんな学者像をさらに際立たせていた。

鈴木さんのオニクマムシを見て、驚いた。彼女らは(オニクマムシは基本的にメスしかいないのでこう呼ぶ)、まるで鈴木さんに手なずけられたフェレットのように、直径九センチメートルの飼育培地プレートの上を元気に歩き回っていた。

オニクマムシが、餌としていっしょに培地に入れられたワムシをときおりパクッと噛みつき飲み込むようにして食べているシーンも見ることができた。動物の捕食シーンというのは、見ていて本当に楽しい。おそらく、それが「生命の営み」をダイレクトに表す行動だからだろう。

「クマムシは飼える」。初めてそれを実感した瞬間だった。

とはいえ、実際にクマムシの飼育の状況を目にしてもなお、自分にはクマムシを飼育することは高いハードルのように感じた。作業が細かくてちょっとたいへんそうに思えたからだ。札幌のM橋のコケを少し採取すれば、そこから実験に使うのに困らないだけの数のクマムシが確保できたことも、飼育へのモチベーションが上がらなかった大きな理由だった。

そして時はすぎ、気がついたら札幌に来てから一年が経過していた。

大学院生としてやっていけるという自信が確信へと変わる夏

修士課程の一年目が終わり、二年目に入った。

修士課程一年目の成果というと、オニクマムシとツメボソヤマクマムシ属の一種がたくさんみつかる場所を札幌市内で発見したこと、そしてこのツメボソヤマクマムシ属の一種が新種かもしれない、ということである。

だが、当然これだけでは修士論文になるようなデータにはならない。せっかく多くのクマムシを確保できるようになったので、このクマムシを使ってどんな研究をすれば良いかを文献を読みながら、日々考えていた。

しかし、文献を読んでもなかなかアイディアが出てこない。それでもアイディアを出さなくてはならない。親切な先輩や同輩から研究計画についてアドバイスをもらっていたが、残念ながらそのどれもクマムシを使ってできるような研究ではなかった。

そんなある日、乾眠に関する論文を読んでいると、次のようなことが書いてあった。

「乾眠状態のセンチュウは、いきなり水を吸うと組織や細胞にダメージが起こり、死んでしまう場合がある。乾眠センチュウは吸水する前に、高湿度環境（prehydration）を経験しないとうまく復活しないだろう。野外でセンチュウが棲んでいるコケが乾いたあとに湿るときのことを想像すれば、これは理にかなっている」（Womersely, 1981）。

乾眠クマムシも高湿度を経験してから吸水しないと、うまく復活できないと思われるが、誰もこれを実験で確かめたことはない。

これだ！　ということでさっそくオニクマムシを使って、このことを確かめることにした。うまくいけば、これが修士論文の研究になるかもしれない。そう思った。

まず、オニクマムシをガラス製の時計皿に水滴といっしょにのせて湿度を調節したデシケータ内で乾燥させ、乾眠状態にした。そしてこの乾眠クマムシを低湿度から高湿度までの異なる湿度環境で保存後に水をかけ、復活する個体の割合を調べた。

もし論文で書かれていた推測が正しければ、低湿度で保存した乾眠クマムシ、すなわち高湿度環境を経験していない乾眠クマムシは、吸水後に復活できないことが予想される。しかし、実験の結果はすべての条件で、ほとんどのオニクマムシが乾眠からみごとに復活したのであった。

従来より、オニクマムシやツメボソヤマクマムシはセンチュウなどに比べると急速な脱水で乾眠に移行できることがしられていた。このとき僕がおこなった実験により、オニクマムシは乾眠状態時からの「急速吸水」にも耐えられるということがわかったのだ。

このときの僕は、世界でまだ誰も調べられていないことをこの手で調べてやった、という満足感を味わっていた。しかも、論文に書かれていた推測とは逆の結果を得たのだ。

このテーマでもっと実験を重ねていけば、修士論文になるんじゃないか、もしそうだとしたら修士論文なんてちょろいな、と思っていた。

「大学院生としてやっていけるという自信が確信へと変わりました」。

そんなことは言わなかったが、それに似たような感覚がどこかにあった。

若かった。あの頃は。

そして、このデータをその夏、フロリダ(アメリカ)で開かれる第九回国際クマムシシンポジウムで発表することにしたのであった。

このとき、この国際クマムシシンポジウムへの参加に大きな落とし穴が待っていようとは知る由もなかった。

消えた学会発表資料

アメリカで開催される国際クマムシシンポジウムが、自分にとっては初めての学会発表であった。それまでは国内でも学会発表の経験はなかったのだ。

海外に一人で行くのも初めてだったので、ちょっとワクワクしながら札幌から成田に移動した。

しかし、ここで思わぬ事態が起こる。

成田空港で買い物をしたあと、自分の荷物が一つなくなっていることに気づいたのだ。それは、小さなプラスチックのスーツケースだ。

そして、そのスーツケースには、クマムシシンポジウムで発表するためのポスター資料が入っていた。つまり、もっとも大事なモノが、なくなっていた。

こ、これはたいへんだ。しかし、あたりを探しまわるもまったく見つからない。自分の移動した範囲はたかがしれたものだ。このあたりに、必ずあるはずなんだ。しかし、見つからない。

そこで、係員の方に落とし物の届け出がないか聞いてみたが、そのような届け出はまったくないとのこと。どうやら、盗まれてしまったらしい。

なんてこった！　クマムシシンポジウムの発表資料なんて、自分以外の人間には金銭的価値はゼロだというのに！　盗んでも意味ないだろうが!!　でも、こっちはめっちゃくちゃ困るんだよう！　そして何より、この発表資料は同じ研究室の先輩で博士課程二年のＫさん（仮名）に徹夜で手伝ってもらって作ったものだ。もしなくすなんて事態になったら、とてもじゃないがＫさんに合わせる顔がない。

ものすごく焦った。しかし、容赦なく迫りくるフライト時刻。

そして、ついに搭乗時刻がやってきた。係員は、諦めて搭乗しろという。もし見つかったら、アメリカン航空の客室乗務員に連絡するから、と。

ものすごく絶望的な気分で飛行機に搭乗した。けっきょく、発表資料は見つかることはなかった。ああ、どうすれば良いんだ。

ニューアーク空港を経由して、いよいよフロリダのタンパ空港についた。空港には、クマムシシンポジウムのオーガナイザーの研究者がシャトルバスで迎えに来てくれていた。

こちらの事情をカタコトの英語でなんとか伝えると、「オーケー、オーケー」と言った。いや、オーケーじゃないんですけど。と、自分に百パーセント非がある立場ながら、ちょっともどかしく思った。

そのままシンポジウム会場のホテルに到着。ホテルは美しいビーチを臨んでいた。すでにシンポジウムの懇親会が開かれており、クマムシ研究者らで賑わっていた。

しかし、僕は後悔と不安で彼らと楽しくお話しする気にはなれなかった。

国際クマムシシンポジウム二〇〇三

真っ青な空、眩しい砂浜、そして繰り返し流れる陽気なアメリカンミュージック。

そんなリゾート地特有の浮かれた空気のなか、発表資料をなくして憂鬱気分の自分。何とかしてこの嫌なコントラストを消すために、行動を起こした。

まず、発表資料作成を手伝ってくれた先輩のKさんに国際電話で資料をなくしたことを報告。「バカーッ!」と言われる。そりゃそうだ。しかし、不幸中の幸い、Kさんはパソコンの中に僕の発表資料のデータを保存していた。そのデータをメールで送ってもらい、それをシンポジウムオーガナイザーの協力を得て会場でプリントアウトし、なんとか作成することができた。

学会発表用のポスターは通常、一枚刷りのきれいなものが多い。しかし、僕の場合はＡ４サイズのものを壁にペタペタと貼った、あまり見栄えのしないものであった。とはいえ、生まれて初めて学会発表をすることができた。

発表内容は前述した、オニクマムシが乾眠から復活する際の環境湿度の影響についてであったが、参加者からの反応はイマイチであった。

そのときは自分なりにおもしろい研究内容だと思っていたのだが、たしかにあとから考えれば重箱の隅をつつくようなテーマで、なおかつデータ量が少なすぎるということに気づいた。当時はまだまだ、自分で自分の研究の価値を客観的に判断できなかったのだ。「大学院生としてやっていける自信が確信に変わった」などと思っていた自分が浅はかすぎて恥ずかしい。

しかし、それでも収穫はあった。僕のポスターを見に来てくれたクマムシ研究者たちが、実験手法の問題点などについて、さまざまな助言をしてくれたのだ。これが、その後の実験を進めるにあたっておおいに役立った。

さて、しょぼい研究発表内容の僕のポスターの傍らで、多くの参加者が集まっているポスターがあった。慶應義塾大学の鈴木 忠さんによる、オニクマムシの卵形成の電子顕微鏡観察について書かれたポスターである。

鈴木さんは出版されたばかりの研究論文の別刷も持参していた。この論文は、オニクマムシの飼育と生

図2・7　2003年にフロリダ・タンパでおこなわれた第9回国際クマムシシンポジウム．参加者の全体集合写真．

活史を記録し、報告したものである。当時、クマムシを飼育することはまだ難しく、さらに詳細な生活史が記録された例も乏しかった。鈴木さんの研究はクマムシ学において画期的であり、かつ、楽しさも伝わるものであった。この別刷を求めて鈴木さんの周りには人だかりができていた。そして、その多くの人が鈴木さんにサインもねだっていた。そのなかには、クマムシ学の大御所の姿も見られた。

この光景に、僕は大きなカルチャーショックを受けた。鈴木さんは僕と同じく、このときの国際クマムシシンポジウムが初の参加であり、言い方は悪いかもしれないが同じ新入りである。つまり、新入りだろうが何だろうが、おもしろく価値のある研究をする人間に対しては、キャリアも国籍も関係なく、賞賛する文化がそこにあったのだ。

これがもし、日本の学会だったらどうだろうか。いい仕事をしているニューカマーがいたとして、学会長やその道の権威の方からその人に歩み寄って賞賛するようなことがあるだろうか。かなり想像しにくい光景である。

学術的な部分よりも、この文化の違いを認識できたことの方が、初めて参加した国際クマムシシンポジウムで得られた大きな収穫であった

（図2・7）（図2・8）（図2・9）（図2・10）。

図2・8　現地のホテルでプリントアウトした資料でポスターを作っているようす.

図2・9　ダイアン・ネルソン博士(a)と，ラインハルト・クリステンセン博士(右)とロベルト・ベルトラーニ博士(左)(b)といっしょに記念撮影.

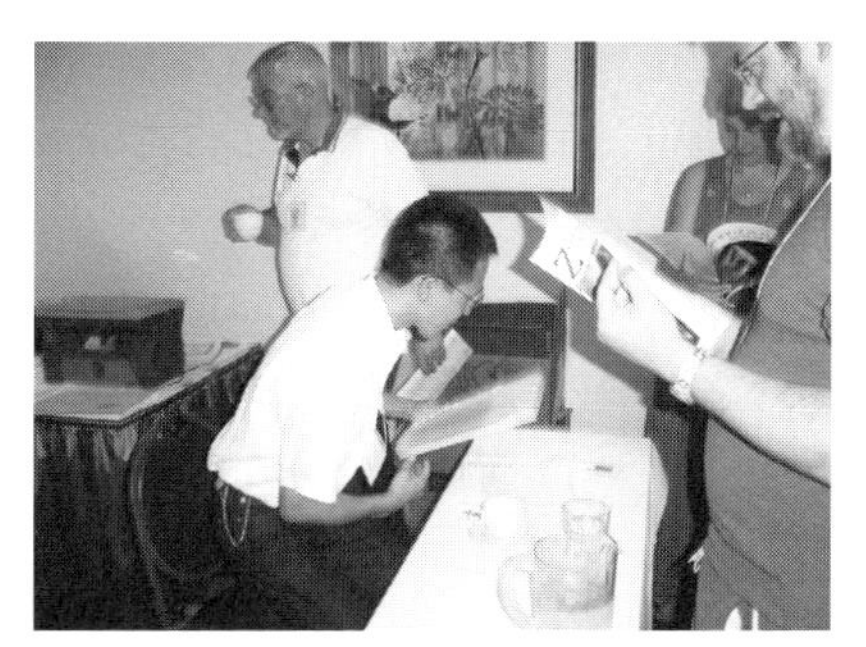

図2・10　シンポジウム会場で鈴木 忠さんにサインを求める世界のクマムシ研究者たち.

コラム　人生最大のピンチ到来

国際クマムシシンポジウムが終わったあと、フロリダを一人旅に出かけた。シンポジウムがおこなわれたタンパからディズニーランドのあるオーランド、そしてNASAケネディ宇宙センター、マイアミの先にあるエバーグレース国立公園とキーウェストと訪れる予定にしていたのだ。ここでは、とくに思い出深かったオーランドからマイアミに向かうまでの物語をお話ししたい。

NASAケネディ宇宙センターは、この旅でもっとも訪れたかった場所だった。それはもちろん、ここが何度も人類を宇宙に送り出している宇宙への窓口であり、輝かしい科学の象徴の場でもあるからだが、僕が大好きな漫画「ジョジョの奇妙な冒険」(荒木飛呂彦 作／集英社)の舞台になっていたことも大きかった。

NASAケネディ宇宙センターに行く手段はレンタカー、タクシーかバスを使うしかない。車の免許証はなかったので、バスを使うことにした。バスは前もって予約しておく必要があったので電話で予約しておいた。

ところが当日の朝、ホテルの前でバスを待ってもいっこうに来る気配がない。二十分すぎても来なかったのでバス会社に問い合わせると、バスが故障したからキャンセルするとのこと。いやはや。こちらが泊まっているホテルに連絡もせずにキャンセルとは。

しかし、NASAケネディ宇宙センターにはどうしても行きたかった。日程的に、NASAに行くのはこの日しかなかった。この機会を逃すと、もう一生行くことはないかもしれない。そんな気がした。

図2　マイアミに向けて運転中のタクシードライバーのチョップ.

図1　NASAのケネディ宇宙センターでニセ宇宙飛行士といっしょに.

そこで街中に出て一台のタクシーを捕まえた。運転手は巨漢の黒人で、名をチョップと言った。体重はゆうに百三十キログラムを超えているだろうか。

ＮＡＳＡまでの運賃を聞くと、百ドルという。高すぎると思い値切るが応じてくれない。すると、ＮＡＳＡのあとはどこまで行くのか、と聞いてきた。すかさずマイアミの南方にあるエバーグレース国立公園までと言うと、一日チャーターしてそこまで行ってやるから三百ドルでどうだ、とタクシードライバーのチョップ。

それでも高い気がしたが、オーランドからＮＡＳＡを経由してエバーグレースまで行くと五百キロくらいになる。そんなに高くもないかもしれない。便利で時間も節約できると考え、思い切ってタクシーをチャーターすることにした。

これが、これまでの人生でもっとも長い一日を作り出した決断となった。

あっさりとＮＡＳＡに到着し、チョップを置いて一人、ビジターセンターに入場した。ＮＡＳＡケネディ宇宙センターは広大な敷地をもつＮＡＳＡのセンターの一つで、ビジターのためのアトラクションも充実しており、楽しみながら宇宙開発について学べるように工夫されていた(図1)。

NASAケネディ宇宙センターで二時間ほどすごし、チョップとともにマイアミに向かった(図2)。ここからがたいへんだった。マイアミまで向かうハイウェイで大きな事故があったらしく、大渋滞が発生していたのだ。本来であれば三時間弱でマイアミに到着するところだが、ほとんど前に進まない。チョップは常に激しいラップを車内で流していた。ラップを八時間ほど聴かされたあと、ようやくマイアミエリアに入った。しかし、ここからエバーグレース国立公園のホテルまではさらに百キロほどある。まだまだ先は長いのだ。ああ。

そして、タクシードライバー・チョップにも徐々に異変が起き始めていた。彼の首筋には大量の汗が光っては滴り落ち、息づかいも荒くなっていった。なんだか苦しそうにしている。独り言も頻繁につぶやくようになった。

ハイウェイの分岐点が見えてきた。しかしここで、チョップはまちがった道に進んでしまう。どうやら、彼にはマイアミ周辺の土地勘がないらしい。目的地まで行けるからまかせとけ、と言っていたのに。タクシードライバーなのに。

まちがった道に進んだことで腹を立てたチョップは、ものすごい勢いでキレ始めた。×××とか×××とか汚い言葉を叫びながら、運転席の前方を殴り始めた。ここから、チョップが完全な怒りモードに入ってしまった。常にスイッチがオンになっているチェーンソーのように。

もし、この怒りが僕に向いてきたら、どうなるだろうかと想像した。僕は、とても恐ろしくなった。

僕らはますます道に迷っているようだった。タクシーにはカーナビもない。休憩もかねて、コンビニに立ち寄った。周りに建物が何もないような、辺鄙な場所だった。

チョップはすっかり憔悴しきったようで、コンビニのレジ近くに置いてあった錠剤のような薬を購入していた。どうやらそれは、心臓関係の疾患のための薬のようだったが、詳しいことはわからなかった。

僕は彼に五百ミリリットル入りのミネラルウォーターのペットボトルを買ってあげた。彼はサンキューと言うと、すぐにペットボトルを口にした。

そのとき、僕は信じられない光景を目にした。

チョップはペットボトルの水を、まるでチューペットを吸うように飲みこんだのだ。

チョップの超強力な吸引力により、ペットボトルはバキバキと音を立てながら瞬時にしぼんで干からびた。まるで、急速乾燥して乾眠に入るのに失敗したクマムシのように。

そして首を振りながら一言、

「全然たりない」

とつぶやいた。巨漢のチョップにとっては、五百ミリリットルのペットボトルはふつうの人にとってのヤクルト一本分くらいの量にしかならないのだ。

あっけにとられながらも、僕はペットボトルをもう一本買ってあげた。こちらもやはり、音を立てながらしぼんでいった。

タクシーに戻り、ふたたびエバーグレース国立公園の方向に車を走らせた。いや、彼はエバーグレースまでの行き方が正確にはわかっていないので、本当に正しい方向に向かっているかどうかは怪しかった。

案の定、彼は迷っていた。ハイウェイからマイアミ郊外の街中に下り、道行く人々に、エバーグレースまでの道順を聞くことにした。

マイアミ郊外のこの街はひじょうに暗かった。道も建物も薄汚れていて、路上には多くの人々が横たわっていた。一言で言えば、ここはスラム街であった。治安が最悪な地域であることは、一目瞭然だった。それまでいたタンパやオーランドなどの街とは別世界だった。

チョップは通りがかった人に声をかけ、道を尋ねた。しかし、ほとんどの人は虚ろな表情で一瞬こちら側を見たかと思うと、一言も発さずにたどたどしい足どりで通りすぎた。

チョップはますます怒り狂った。

「マイアミくそったれ！　むかつくんだよマイアミは！」

さらに汚い言葉を発し続けた。しかし時折、

「ううう、心臓が痛い…」

と胸を押さえながら苦しそうにしていた。ナイアガラの滝のような汗をかきながら。そして、なんとか自分の勘をたよりに、エバーグレースに向かおうとしていた。

このままではチョップが心臓発作を起こすかもしれない。そうでなくとも、こんな精神的に不安定なドライバーが車を運転していたら、かなり高い確率で事故を起こすだろう。そう考えた僕は、もういいから、お金は払うから、ここで下ろしてくれと彼に頼んだ。

しかしチョップは、

「いや、目的地まで向かうんだ。仕事は最後まで成し遂げる」

と、なぜか責任感は強いようだった。しかし、事故が起きてしまっては元も子もない。

何度も説得し、ようやく鉄道の駅で下ろしてもらった。お金を渡すと、チョップはサンキューと言ってオーランドに帰っていった。時間は午前〇時をすぎていた。

スラム街の中の人気のない駅で、大きなスーツケースを持った明らかに観光客風の東洋人が一人。とんでもなく危険な状況だった。四方八方から鋭い殺気を感じた。こんな感覚に襲われたのは初めてのことだった。

電車はすでに運行が終わっていた。そこで、近くの公衆電話でタウンページを頼りにタクシー会社に電話した。

タクシー会社は住所と電話番号を聞いてきた。僕は観光に来た日本人で、携帯電話を所持していないということを伝えた。すると、じゃあダメだと言われてあっさり電話を切られた。

図3　鬼軍曹風の警察官．彼がピンチを救ってくれた．

ショックを受けたが、もう一度電話をしてつたない英語でなんとか必死に説得しようとしたが、また電話を切られた。住所も電話番号もない人間に、タクシーを送ることはできない、と。

たしかに、タクシー会社がタクシーを身元が確認できない客に深夜に送るのは、アメリカではたいへんなリスクがあるのだろう。しかし、このときはそんなことも思いつかなかった。なんて理不尽な対応なんだ、と頭にくると同時に深い絶望感に襲われた。

もしこの場所に居続けたならば、朝が来るまでに百パーセントの確率で命を奪われる、まちがいなく殺される…そんな直感がした。

初めて訪れたマイアミの夜。人生始まっていらい、最大のピンチを迎えていた…。ピラニアの棲む水槽に放り込まれた、グッピーのような心境だった。

ここがどこかもわからないので、移動するにも移動できないし、移動したらより危険な状況に陥るであろうことは明らかであった。

八方塞がりとは、まさにこのことである。

するとこちらに向かってくる一台の車が見えた。パトカーだった。

パトカーが駅前に止まると、二人の警察官が懐中電灯を手に出てきた。一人は映画「フルメタル・ジャケット」の鬼軍曹のような風貌の白人、もう一人は元野球選手のトニー・グウィンを増量した感じの黒人だった。

警官たちは駅の改札付近や電話ボックスなどを見回しながら、こちらに近づいてきた。もしかしたら、彼らが助けてくれるかもしれない。

すると、鬼軍曹の方が話しかけてきた(図3)。

鬼軍曹「おまえ、こんなところで何やってるんだ?」
僕「いや、えっと…(英語で何と伝えていいかわからず口ごもる)」
鬼軍曹「観光客か?」
僕「イ、イエス!」
鬼軍曹「ここは観光客が来るようなエリアじゃあない。ベリーベリーデンジャラスだ。早く遠くに行け」
僕「いや、タクシーを呼んだんだけど、観光客にはよこしてくれないんだ」
鬼軍曹「何、そうなのか。とにかく早くどこかへ行け」
僕「(た、助けてくれないの?)でも、移動手段がないんだ」
鬼軍曹「おまえ、どこから来たんだ」
僕「アイ、アム、ジャパニーズ」
鬼軍曹「何?日本人か!おれは軍にいたころ、沖縄に何年か住んでいたんだ」

僕　「おー！　自分の母親は沖縄生まれで、自分も沖縄が好きなんです」
鬼軍曹「そうか。うーむ、懐かしいな、沖縄。日本の友人も…。トグチ、キンジョー。まだ彼らの名前を覚えているぞ…」
僕　「……」
鬼軍曹「よし、俺がタクシーを呼んでやろう。ちょっと待ってろ。」
僕　「（やった!!）オー、サンキュー！」

電話ボックスからタクシーを呼んでくれた鬼軍曹。十分後にタクシーが来た。

鬼軍曹「（タクシー運転手に向かって）マイフレンドをきちんと連れていけよ」
タクシー運転手「わかった」
僕　「（鬼軍曹に向かって）本当にありがとう！」
鬼軍曹「うむ、気をつけるんだぞ。」

タクシーを四十分ほど走らせ、ようやく本来の目的地であるエバーグレース国立公園の近くのホテルに到着した。午前二時半をすぎていた。

そのあとはエバーグレースからキーウェストを数日間満喫した。キーウェストの絵に描いたような浮かれた南国ムードに浸っていると、マイアミでの恐怖の体験がつい数日前のことには思えなかった。

あのとき、もし警察官が来てくれなかったら、自分はどうなっていただろう。もしかしたら、今こうしてぶじに生きていないかもしれない。僕にとって、彼らはたいへんな恩人である。

そして、海外ではなるべく行き当たりばったりな行動は慎もうと誓ったのだった。皆さんも、海外では慎重に行動されることをおススメします。

クマムシと橋本聖子選手における共通点についての考察

アメリカから帰ってきてから、東教授と修士論文のデータについて話し合った。しかし、クマムシシンポジウムで発表した内容を広げていきたい、というこちらの意向は東さんによって完全に却下された。これでは修士論文として認められるようなクオリティではない、ということだった。このときに、自分の研究内容に対する客観的評価が、いかにできていなかったかを改めて思い知らされたのだった。

これまでに取ってきたデータが使えないということは、これから新たにテーマを設定して実験をしなくてはならないことを意味する。このとき、すでに修士課程二年目の九月だった。修士論文提出まで四ヶ月ほどしか時間がない。必死になって再度文献を読み返し、東さんを納得させられるだけのネタを考えた。

そして、クマムシの一つの能力が気になった。それは、凍眠（クライオバイオシス）という能力である。わかりやすくいえば、凍結に耐えられる能力のことだ。

南極など極域に棲むクマムシは、液体窒素のマイナス一九六度などで凍っても生存できることがわかっていた（Ramløv and Wesht, 1992）。ちなみに乾燥した乾眠状態ではなく、体内に水を含んだ活動状態のクマムシが、である。

通常、生物が耐えられる温度範囲は、周囲の環境温度によって決まる。これは、環境温度がひじょうに強力な淘汰圧になるためである。寒い場所には低い温度に適応した生物が、暑い場所には高い温度に適応した生物が棲んでいるのだ。

しかし、寒い場所に適応した生物でも、環境温度の下限よりもはるかに低い温度にさらされると死んでしまう。

ところが、クマムシは地球上に存在しないようなマイナス二百度付近で凍っても生存できる。オーバースペックな凍結耐性をもつわけだ。このクマムシのオーバースペックな低温耐性を、ほかの生物の凍結耐性とは区別して凍眠と呼ぶようになった。より正確な凍眠の定義は、クマムシのクリプトバイオシス（cryptobiosis）のうち、低温で誘導される仮死状態である。ちなみにクリプトバイオシスとは、ストレスによって生物が移行する無代謝状態のことである。乾燥ストレスで移行する乾眠も、このクリプトバイオシスの一つだ。

さて、なぜクマムシはこのようなオーバースペックな凍結耐性をもつのだろうか？　そんな疑問を解決する鍵が、別の文献に書かれていた。

その文献は、凍結と乾燥が生物に及ぼす影響について解説したものだった（Storey and Storey, 1996）。

じつは凍結と乾燥は、両方とも細胞内からの脱水を引き起こす。つまり、凍結耐性も乾燥耐性も細胞からの脱水に耐える共通のメカニズムを備えている可能性がある。

そこで、次のような仮説を立てた。クマムシは陸に進出する過程で高い乾燥耐性、つまり乾眠能力を獲得した。そして、その乾燥耐性のメカニズムが、凍結耐性のメカニズムにも応用されているのだろう、と。つまり、クマムシの凍結耐性は寒い環境に適応した結果ではなく、乾燥に適応したおまけとして、同時に獲得されたものと考えたのだ。

これは、夏季・冬季五輪に計七回出場した橋本聖子さんのように、スピードスケートの練習を一生懸命した選手が、スピードスケートだけでなく、自転車競技でも一流の成果を残してしまう現象と似ている。スピードスケートと自転車競技では、共通の筋肉が効果的に使われているのだ。

この仮説を検証するためには、熱帯に棲むクマムシに高い凍結耐性が見られるかを観察する必要がある。氷点下にならないような環境に棲むクマムシが極端な凍結耐性能力をもっていれば、温度が淘汰圧でないことを示せるからだ。

東さんにこのアイディアを話したところ、ようやく満足してもらえた。そして、熱帯クマムシを捕獲するために、急遽、一〇月にインドネシアのジャワ島に旅立つことになったのだった。

ボゴールの奇跡

熱帯のクマムシを求め、はるばるインドネシアにやってきた。行き先はジャワ島中西部にあるボゴールという中規模の大きさの町である。ここの植物園にあるゲストハウスで、別のテーマで研究調査に来ていた東さんと先輩に合流した。

初めて東南アジアの国に来た僕は、現地のストリートマーケットのようすを見て、日本とあまりの環境の違いに驚き、とまどっていた。

どこまで歩いても、鼻をつく生ゴミが腐ったような匂い。土埃。物乞いをする人々の視線。しつこく追跡してくる客引き。何もかもが新鮮で強烈だった。

そして、このストリートマーケットで悲劇が起きた。到着した次の日に財布を盗まれたのだ。財布には持参した現金のほとんどと、クレジットカードや学生証が入っていた。慣れない環境、そして目に映るものすべてが新しくて、興奮して浮き足立っていたせいだろう。注意散漫で、隙ができてしまったのだ。国際クマムシシンポジウムに出発するさいにも発表資料を盗まれたが、つくづくドジな自分が嫌になった。

図2・11　インドネシア・ジャワ島のハリムン国立公園で採集をおこなった．写真左は研究室の先輩の平田真規さん．

幸先悪いスタートとなったが、気をとり直してクマムシの採集を始めた。ターゲットとするクマムシの種類は、オニクマムシに絞ることにした。オニクマムシをターゲットにするには理由がある。それは、このクマムシが世界中に分布する種であるため、地域間による生理状態の違いを検証するにはうってつけだからだ。

ゲストハウスのある植物園内、そしてジャワ島西部のハリムン国立公園にも泊まりがけで出かけ、樹木表面の地衣類を連日採取した（図2・11）。

採取した地衣類を持参したベールマン装置にかけてクマムシを抽出し、それをやはり持参した顕微鏡で観察して、どの試料にクマムシがいるかを確認する日々が続いた（図2・12）。しかし、植物園内やハリムン国立公園で採取した地衣類からは、オニクマムシがほとんど見つからなかった。

インドネシアでの滞在期間も残りわずか。ここで何としてもオニクマムシを採らなければ、というプレッシャーが日に日に強くなっていった。

何しろ、インドネシアの往復旅券は研究費ではなく、自腹を切って買ったものだ。この調査を無駄にできない。それ以前に、これでオニクマムシが見つからなければ、修士課程を卒業することが不可能になることを意味していた。

最後の望みをかけて、ボゴールの街中へ地衣類を採集に出かけた。この街を一人で歩いていると、スリもさることながら客引きや売春婦に絡まれたりと、エネルギーを浪費する。そこで、比較的おだやかな地元のボゴール大学のキャンパスでオニクマムシが潜んでいそうな地衣類を探すことにした。

だが、ボゴール大学の中も思ったよりおだやかではなかった。学生たちが集まって、怒声を上げながらデモ運動をしていたのだ（図2・13）。

しかし、そのデモ集会のそばの木の表面に良い感じの地衣類が生えていた（図2・14）。

これは獲らなければならない…！

金属製のヘラで木の表面をガリガリ削って地衣類を採取し、茶封筒に入れていた。

すると、デモ運動をしていた学生たちがこちらに近づき、インドネシア語で話しかけてきた。どうやら、
何をしているのか聞いているようだった。

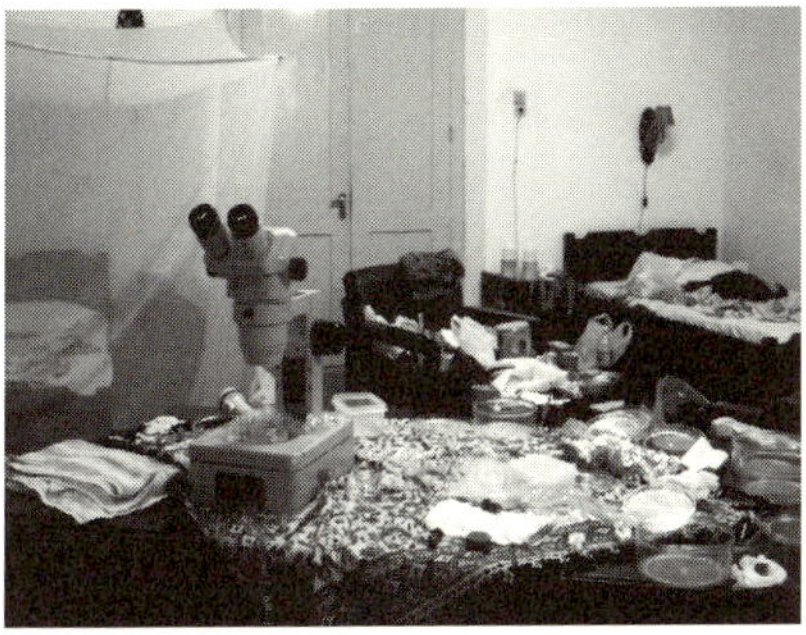

図2・12　ゲストハウスの中で，日本から持参した顕微鏡で採取サンプルからクマムシを探し続けた．

図2・13　大学キャンパスでのデモのようす．

図2・14　樹木(写真左) の表面によい感じの地衣が生えていた．

自分が日本人で生物の調査をしていることを英語で伝えると、笑いながら「アイ・ライク・ジャパン！」と言ってくれた。ほっとした。

別れぎわにテリマカシー（ありがとう）と言うと、学生たちは大ウケしていた。さっきまで怒声を上げていたとは思えないような爽やかな笑顔だった。

けっきょく、このデモ集会のそばで採取した地衣類からは、大量のオニクマムシが見つかった。日本に発つ三日前のことだった。これは「ボゴールの奇跡」と名づけられている。

帰国前にこの地衣類をできるだけ多く採取し、日本に持ち帰った。これで、なんとか修士論文のための実験をおこなう準備ができたのだ。修士課程二年の秋、雪もちらつく一一月になっていた。

熱帯育ちの眠り姫たちに待っていた過酷な試練

帰国後、さっそくボゴール産のオニクマムシを使い、実験をすることにした。持ち帰った地衣類を水を張ったシャーレに入れて一晩待つと、乾眠していたオニクマムシが地衣から元気に這い出してきた。

インドネシアで眠りにつき北海道で目覚めた眠り姫たちを使い、凍結実験を開始した。この姫たちは、これまでの人生で氷点下の気温を経験したことなど、もちろんない。なにせ、温室育ちならぬ、熱帯育ちのお姫様たちだからだ。

凍結実験は、北海道大学低温科学研究所の片桐千仞助手と島田公夫助手のところで、冷却速度を調節できるプログラムフリーザを使っておこなった。オニクマムシたちを蒸留水の入った試験管に入れ、その試験管をプログラムフリーザ内で毎分マイナス一度のスピードで冷却した。チューブごとに、マイナス十度からマイナス六十度までの試験温度で冷却し凍結した。

各チューブは凍結温度で十五分間保持したあと、フリーザ内から取り出して解凍した。解凍したチューブの中からオニクマムシたちを水を入れたシャーレに移し、彼女らが動き始めるかを顕微鏡で観察した。緊張の瞬間である。

シャーレに移した直後のオニクマムシたちは動いておらず、身体を伸ばしていた。しかし、しばらく放置していると、数匹のオニクマムシが肢をピクピクと動かし始めたのだ。

「やった!」

自分の予想どおり、熱帯産クマムシにも凍結耐性があることを見つけた瞬間だった。そのあと、マイナス六十度まで凍結したオニクマムシをさらにマイナス一九六度の液体窒素の中に浸しても、驚くことに半分ほどの個体が生存していたのだ。

熱帯育ちのお姫様たちは、今まで経験もなければ想定もしていなかった、過酷な超低温地獄の試練を難なく乗り越えたのだ。初見クリアだ。努力しなくても最強の、スーパーアルティメットガールたちである。

比較対照として、札幌の北海道大学キャンパス内にある樹木表面に生えた地衣類に棲むオニクマムシについても、同様の凍結実験をおこなった。札幌のオニクマムシも、やはり凍結に対して高い生存能力をもつことがわかった。その生存率は、ボゴールのオニクマムシの生存率を上回っていた。

いずれにせよ、熱帯クマムシが凍結耐性をもつことがわかり、僕が考えた仮説「クマムシの凍結耐性は乾燥耐性から生じたおまけの能力」は、かなり当たっているように思えた。この仮説をさらに裏づけるため、乾燥実験も続けておこなった。もし、凍結耐性が乾燥耐性の程度を反映しているとすれば、より高い凍結耐性能力を示した札幌のオニクマムシの方が、乾燥耐性も高いことが予想される。うきうきしながら、薄暗い「乾燥実験室」にこもり、乾燥実験を開始したのだった。

クマムシを乾かそう

ボゴール産のオニクマムシは凍結耐性をもつ。しかし、その凍結耐性は札幌産のオニクマムシよりも低いことがわかった。

両者のこの凍結耐性の程度の差は、乾燥耐性の能力の違いに関係しているに違いない。この仮説を検証するために乾燥実験室を作り、乾燥実験にとりかかった。

クマムシの乾燥耐性能力の度合いは、どのくらいの乾燥スピードで脱水しても生存できるかを観察することで、評価できる。乾燥スピードは、クマムシの周りの湿度を設定することで調整することができる。冬の乾燥した日には洗濯物の水分が急速に蒸発し早く乾くが、梅雨のじめじめした日は洗濯物の水分はなかなか蒸発しない。これと同じ原理である。

このときは、相対湿度を五十パーセントから六十二パーセントまで調整した密閉容器の中で、ボゴール

クマムシ乾燥用デシケータ

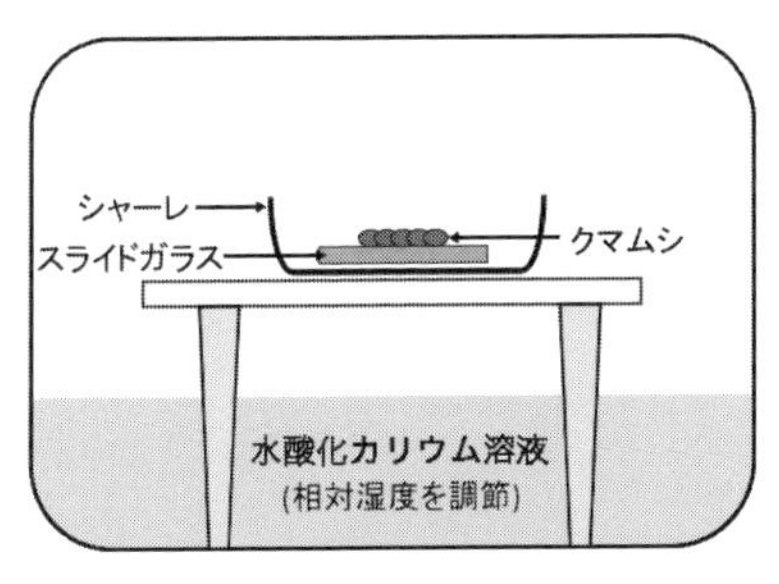

図2・16　クマムシの乾燥用の密閉デシケータ．水酸化カリウム溶液で密閉容器内の湿度を調節する．

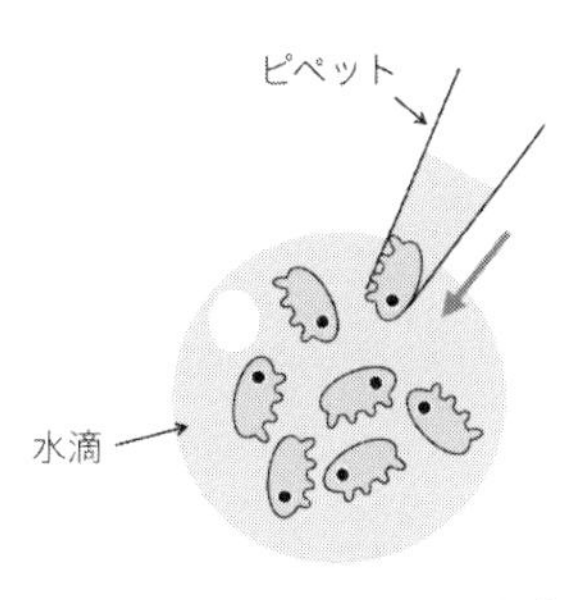

図2・15　ピペットでクマムシを水といっしょに吸い取り，時計皿に乗せる．

産と札幌産のオニクマムシを十匹ずつ乾燥させた。乾燥したオニクマムシに水を与え、復活した個体数を記録した。

　ここで、クマムシを乾燥させる具体的な手順について説明しよう。

　まず、ボゴールと札幌で採集したそれぞれの乾燥地衣類を、シャーレの中で水に浸し、這い出てきたいきのいいオニクマムシを集める。次に、オニクマムシの周りの水を蒸留水で希釈するなどゴミを取り除き、ピペットでクマムシ十匹を一度に吸い取り、水滴といっしょに時計皿の上にのせる（図2・15）。

　このとき、クマムシの周りの水の量は極限まで減らしておく必要がある。さもないと、密閉容器中でクマムシがいつまでたっても蒸発しないからだ。いったん時計皿の上にのせた水滴から水だけを吸い取ろうとしても、誤ってクマムシも吸い取ってしまうことがよくある。乾燥実験ではこの水滴を極限まで減らす作業が、一番神経を使う。

　時計皿の上にほどよい量の水滴といっしょにクマムシをのせることができたら、時計皿を密閉容器の中の台の上に置く。密閉容器には容器内の湿度を一定にするために、ある決まった濃度の水酸化カリウム溶液を入れておく。水酸化カリウムの濃度が高いほど、蒸気圧が下がり（蒸発する水分の量が少なくなり）、密閉容器内の湿度は下がる。このようにして、密閉容器内の湿度を調整できるのだ（図2・16）。

湿度、正確には相対湿度を一定にするためには温度を一定にしておかなければならない。というのも、温度の変動によって飽和蒸気圧も変わってくるため、相対湿度も変動してしまうからだ。このため、乾燥実験室内の温度は常に二十五度になるように設定した。

さてこのとき、さらに注意しなくてはならないことがある。

当然ながら、クマムシがのった時計皿を密閉容器内に入れるときには、密閉容器の蓋を開けなくてはいけない。このとき、容器内の湿度も実験室の湿度と同じになってしまうのだ。

実験室の湿度が密閉容器内の湿度よりも低すぎたり高すぎたりすると、容器の蓋を閉めたあとも、しばらく容器内の湿度が水酸化カリウム溶液の蒸気圧によって作り出されるはずの本来の湿度に飽和するまでに、時間がかかってしまう。

少しわかりづらいかもしれないので、例をあげよう。密閉容器内の飽和湿度が六十パーセントのときに、実験室の湿度が三十パーセントだとする。このとき、クマムシを入れるときに密閉容器の蓋を開けると、容器内の湿度はほぼ瞬時に三十パーセントにまで下がってしまう。容器を再び密閉すると、容器内の湿度は水酸化カリウム溶液の蒸気圧によって六十パーセントに戻ろうとするが、飽和湿度六十パーセントに戻るまでには時間がかかってしまう。

もし飽和湿度の六十パーセントに到達する前にクマムシの周りの水が蒸発すると、クマムシは六十パーセントよりも低い湿度のもとで乾燥することになってしまう。

こうなってしまっては、きちんとした実験データをとることができない。実際、このとき使用していた三畳一間ほどの広さの乾燥実験室内の湿度は三十パーセント以下と、実験に使う密閉容器内の湿度（五十〜六十二パーセント）よりも低かったのだ。

そこで、乾燥実験室で加湿器を稼働させて、なるべく密閉容器内の飽和湿度と実験室内の湿度が同じになるようにした。これなら、容器の蓋を開けても容器内の湿度はそれほど変動せず、安定した乾燥実験をおこなうことができる。

研究人生の転機

オニクマムシの乾燥実験について、続きを説明しよう。

時計皿にオニクマムシを水滴とともにのせ、一定湿度に調節した容器に入れて密閉した。クマムシの周囲の水滴は、乾密閉容器内で徐々に蒸発していく。そのようすをルーペを用いて観察し、水滴の存在が確認できなくなった時点を、乾燥開始点とした。

乾燥開始から一時間クマムシを乾燥させたあと、ただちに蒸留水を与えた。吸水したクマムシが復活するかどうかを顕微鏡で観察し、復活した個体を記録した。

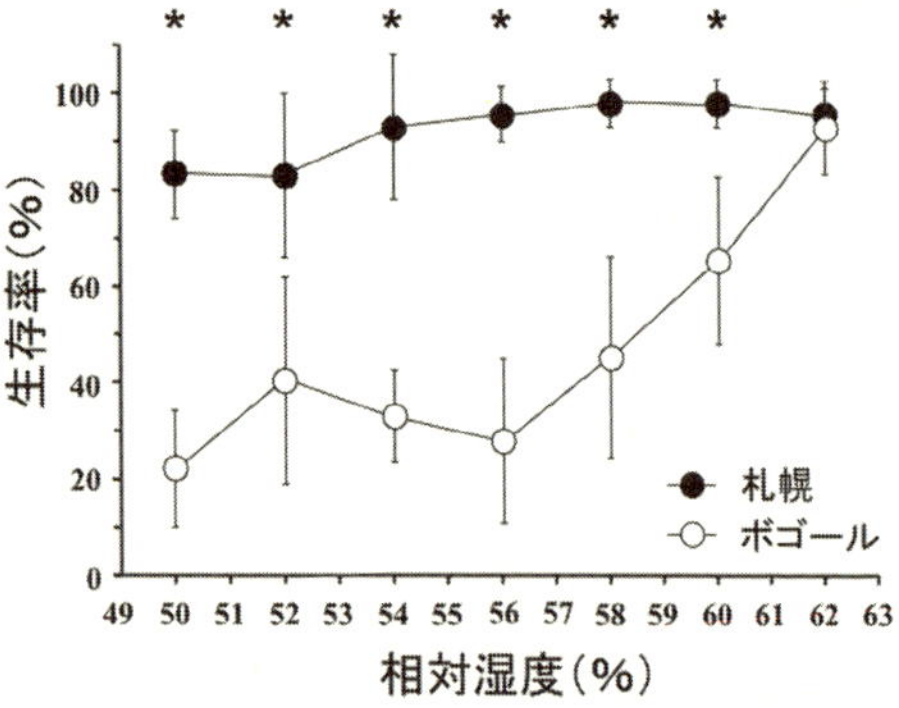

図2・17　各相対湿度下におけるオニクマムシの乾燥耐性．札幌とボゴールの個体群間で比較した（Horikawa and Higashi, 2004より）．

その結果、ボゴール産のオニクマムシの乾燥耐性能力は、札幌産の個体に比べて低いことがわかった。たとえば、相対湿度五十パーセントで乾燥させた場合、生存していた札幌産オニクマムシの個体の割合は八十パーセント以上だったのに対して、ボゴール産では二十パーセントほどの個体しか復活しなかったのだ（図2・17）。

これら一連の凍結実験と乾燥実験の結果から、オニクマムシではボゴール個体群の方が札幌個体群よりも凍結耐性、乾燥耐性ともに低いことが判明した。つまり、僕が立てた「クマムシの凍結耐性は乾燥耐性の能力に由来する」という仮説をサポートする結果が得られたのである。修士論文の提出締切の三週間前のことであった。

得られたデータは東教授にも納得してもらうことができ、なんとか締切前に修士論文を書き上げることができた。ヒヤヒヤしたが、こうしてめでたく修士号を取得することができたのだ。

さて、修士課程二年目が終わるころ、研究人生の転機となる話が舞い込んできた。低温実験で指導をしていただいた片桐さんから、原子力研究所（現 原子力研究開発機構）の研究公募に、クマムシを使った研究計画書を応募してみないか、というお誘いを受けたのだ。

　当時、原子力研究所では外部の研究者から放射線に関連した独自の研究課題を募集しており、採択された研究課題に研究費を配分していた。この募集を知った片桐さんが、クマムシの放射線耐性についての研究課題を、僕が代表研究者として作成し応募したらよいのではないかと言ってきたのだ。

　クマムシの放射線耐性については、一九六四年にエックス線の耐性についての報告があったきりで、詳細についてはほとんど調べられてこなかった。ただこのとき、慶應義塾大学の鈴木さんがオニクマムシの飼育を成功させたことが頭をよぎった(Suzuki, 2003)。放射線照射後のクマムシを飼育環境下で追跡し、この生物に対する放射線照射の影響をより詳細に検証することが可能になったわけだ。このため、片桐さんが提案したテーマは、研究する価値があると感じた。

　僕も片桐さんも放射線生物学が専門ではなかったので、片桐さんの知り合いの放射線生物学のスペシャリスト、北海道大学獣医学部の桑原幹典教授に共同研究者になっていただいた。ということで、僕が代表研究者、片桐さんと桑原さんが共同研究者という三人の連名で応募することになったのだ。

　とはいえ、このような研究課題の公募には、通常は常勤のプロの研究者が代表者になって応募するものである。たしかに募集要項には学生でも応募可能と書いてあるが、過去に研究課題が採択された研究者のリストには学生は一人もいなかった。

　僕のような何の実績もない学生が研究課題を出しても、相手にされないんじゃないか、と思っていた。たとえるなら、近所の無名のおじさんが突如、衆議院議員に立候補するようなものだ。しかし、何事も経験だと思い、無理だろうなーと思いながらも、生まれて初めての研究費申請書を作成し、ダメもとで応募したのだった。

そして信じられないことに、高倍率の難関をくぐり抜けて、なんと僕らの研究課題が採択されてしまうのであった。

新天地

原子力研究所の公募課題に採択されてしまった僕。博士課程一年になったやさきのことであった。オニクマムシの放射線耐性の研究をすることになったからには、放射線であるガンマ線を照射する施設を使わなくてはならない。

ちょうどこのころ、茨城県つくば市の農業生物資源研究所の研究グループが、ネムリユスリカの放射線耐性についての研究をおこなっていた。片桐さんは、この研究グループの一人である渡邊匡彦さんと共同研究をおこなっていた縁で、偶然にも原子力研究所の公募に応募する前に、僕のことを紹介してくれていたのだ。

ネムリユスリカは、アフリカの半乾燥地帯に生息するユスリカの一種で、クマムシと同様に乾眠能力をもつ(図2・18)。この研究グループのリーダーである奥田 隆さんは、ケニアからネムリユスリカを採集し、十年間かけてこの昆虫の継代飼育を世界で初めて成功させたツワモノである。

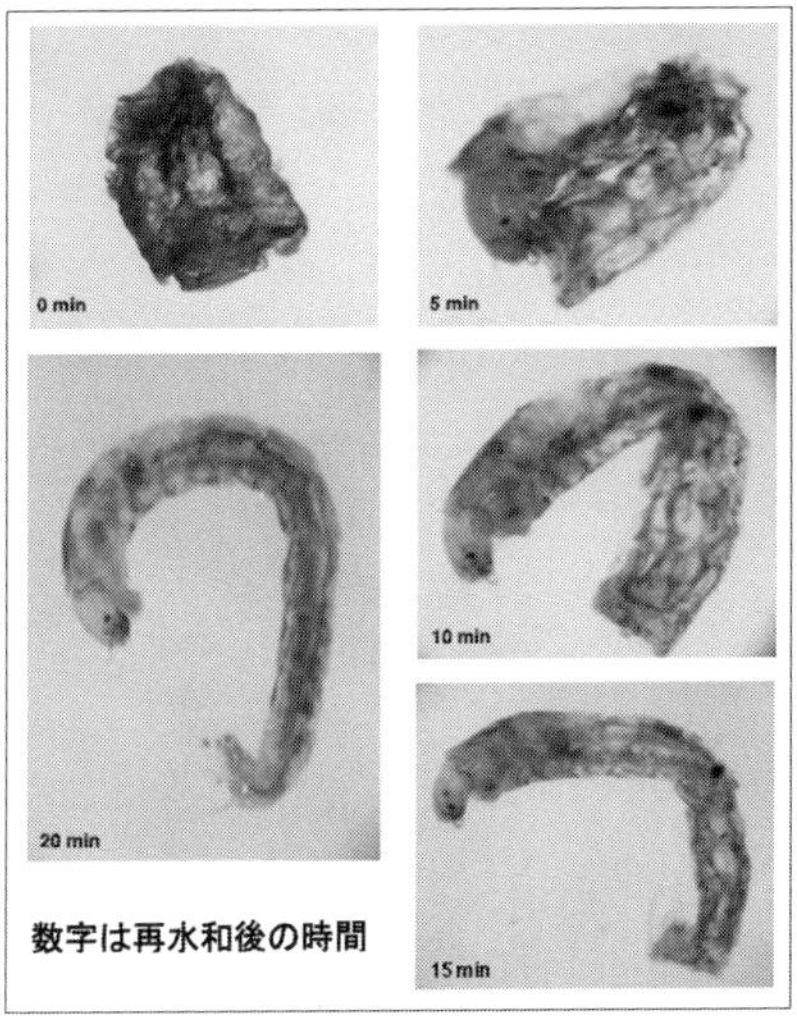

0 min
5 min
20 min
10 min
数字は再水和後の時間
15 min

図2・18　ネムリユスリカの幼虫が乾眠から蘇生するようす(写真提供：奥田 隆).

このネムリユスリカ研究グループは当時、群馬県高崎市にある原子力研究所と共同研究をおこなっており、ガンマ線照射実験を原子力研究所で実施していた。また、ネムリユスリカ研究グループは、乾眠の研究についても世界をリードしていた。放射線の研究以外にも、この研究グループに入れてもらえれば、きっと良い刺激をもらえるはずだ。

そう考え、奥田さんにお願いしたところ、メンバーの一員として快く受け入れていただいた。そして、指導教官の東教授からもあっさりと外部の研究を許可された。このようないきさつで、札幌からつくばに引越し、大学院生ながら農業生物資源研究所の講習生という身分でクマムシの放射線耐性の研究を開始したのだった。

オニクマムシの飼育

僕の新しい研究活動の場となったつくばの農業生物資源研究所は、もともとは蚕糸昆虫研究所という名称であった。この研究所の名前が示すように、研究所内ではカイコをはじめ、さまざまな昆虫を研究対象として扱っていた。

そこにいる研究者のたいはんは、子どものころに虫博士と呼ばれた人たちだ。虫博士と呼ばれた少年少女が本物の虫博士となり、ここでプロとして日々研究に打ち込んでいるのだ。

ネムリユスリカ研究グループに新規参入した僕はまず、オニクマムシの飼育を開始した。オニクマムシの飼育については、鈴木さんが確立した方法を参考にした。

つくばから数キロメートル東に位置するJR荒川沖駅前の駐車場から採取したコケからオニクマムシを採集できたので、これを飼育に使った。オニクマムシは、プラスチックやガラスのシャーレの上だと滑って転んで起き上がれなくなってしまう。寒天の上に置くと、爪を寒天にひっかけながらのしのしと歩くことができるため、寒天培地を使った。オニクマムシが歩く姿は、まるで大型肉食性トカゲが闊歩しているかのような迫力がある。

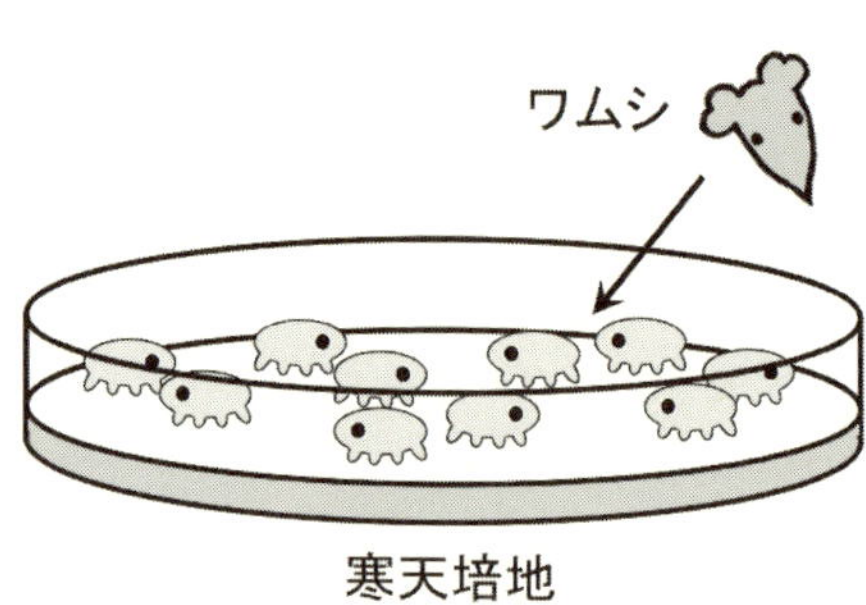

図2・19　オニクマムシ飼育システムの模式図．寒天培地の上でヒルガタワムシを餌として与えて飼育する．

オニクマムシはヒルガタワムシを餌として食べる。このヒルガタワムシも、オニクマムシがいたコケから見つけた。ヒルガタワムシは米粒を入れた水槽で増やすことができる。コシヒカリを入れた水槽でエアレーションをおこない、ヒルガタワムシを培養した。こうして増やしたヒルガタワムシをオニクマムシの飼育培地に与えた（図2・19）。

ヒルガタワムシを餌として与えても、オニクマムシはどこにヒルガタワムシがいるのかわからないようすで、ランダムにうろうろと培地の中を歩き回る。そして偶然ヒルガタワムシが口にぶつかると、オニクマムシはヒルガタワムシに噛みついて丸飲みにする。どう猛さがいかんなく発揮される瞬間である。

まだ小さい子どものオニクマムシはよちよち歩きで、いかにもかわいらしい。しかし侮ってはならない。子どものオニクマムシはヒルガタワムシを丸飲みにすることはできないが、やはりターゲットに遭遇するととっさに噛みつき、体液をチューチューと吸うのだ。餌食となったヒルガタワムシがカラカラに干からびるまで。オニクマムシの生活史の詳細については、鈴木さんの著書『クマムシ?! 小さな怪物』（岩波書店）を参照されたい。

この一連のオニクマムシの捕食活動を見るのがとても楽しく、飼育を始めたころは何時間もオニクマムシの飼育培地を顕微鏡で観察していた。このときはまだオニクマムシを数十匹しか飼育していなかったので、餌をこまめに与えてオニクマムシの行動を観察することが可能だったのだ。

オニクマムシの介護

鈴木さんによるオニクマムシ飼育法に倣って、オニクマムシの飼育を始めた。当初、オニクマムシを飼育観察するのは楽しかったのだが、個体の数が増えるにつれて作業がたいへんになっていった。

まず第一に、オニクマムシは大食漢である。餌のヒルガタワムシを供給しても、すぐに食べ尽くしてしまうのだ。そのため、ワムシを培養する小型水槽をいくつも設置し、大量の餌を確保する必要があった。

厄介なことに、このヒルガタワムシは水槽の内壁にぴったりとへばりついて、これを回収するのがなかなか難しい。最初は顕微鏡で水槽を覗きながらピペットでワムシを吸い取って回収していたが、この作業だけで数十分から一時間を要していた。

この悩みをバッタ研究者の田中誠二さんに話したところ、バッタは二酸化炭素ガスで麻痺させることができると教えていただいた。田中さんの話を参考に、二酸化炭素ガスをワムシの水槽に吹き込んでみたところ、ワムシが麻痺して内壁から遊離することがわかった。

遊離してゆらゆらした状態のワムシは、内壁にくっついたワムシに比べて、ピペットで容易に回収できた。好きな女性に彼氏がいない（フリーの）場合の方が、彼氏がいる（くっついている）場合よりも、ゲットしやすいのと同じである。この方法により、その後のワムシの回収はいくぶん楽になった。

しかし、問題はまだあった。オニクマムシは、飼育寒天培地の交換を頻繁におこなわないと弱ってすぐに死んでしまうのだ。これは、オニクマムシの糞や食べ残したワムシの残骸により、培地に細菌などが増殖して環境が悪化するためであろう。そのため、二日に一度くらいの頻度で、オニクマムシをピペットで古い培地から新しい培地に移動させる作業をおこなう必要があった。

問題はこれだけではない。オニクマムシを寒天培地で飼育していると、培地の中にすぐにモヤモヤした何かが発生してしまい、これにオニクマムシが肢をとられて上手く歩けず、しまいにはひっくり返ってしまう事件がひんぱんに起こった。このモヤモヤは、増殖した細菌の塊と思われる。

オニクマムシはひっくり返って仰向けになると、自力で起きあがることが難しくなる。ずっと仰向けになっていると、ワムシを捕獲できないため、最終的には飢えて死んでしまう。

そこで、僕は顕微鏡で飼育培地を観察しては、ガラスピペットの先端を使ってひっくり返ったオニクマムシをそっと起こしてやっていた。また、爪にくっついたモヤモヤをはがしてやったりもした。これはもう、ミクロン単位での作業であった。さらに、お腹がすいてそうなオニクマムシにはワムシを口元までもっていき、食べさせてやったりもしていた。

こんなことをやっていると、とても生物学の研究をしている、という気分にはなれなかった。飼育と呼ぶのも、何か違う。

そう、介護だ。

これは飼育ではなくて、もう介護の域に達している。そう感じた。

そして、悟った。オニクマムシを維持するのに一番大事なもの。

それは、無償の大きな愛なのだ。

この愛が少しでも欠けると、オニクマムシを生きながらえさせることはできない。

実際、少しでも餌やりの頻度を減らしたり、培地交換を怠ったり、飼育培地の中のクマムシの人口密度が高かったりすると、オニクマムシはあからさまに弱り、産卵数が減少し、そして最終的には死にいたってしまうことも珍しくなかった。

地上最強の動物と呼ばれるクマムシが、飼育をしようとすると簡単に死んでしまう。なんと矛盾した生きものであろうか。

そして、同時に思った。鈴木さんは神だ、と。

コラム　つくばライフ

ここでは、つくばでの生活について少し紹介しよう。

つくばといえば、さまざまな研究所が集まる研究都市である。宇宙航空研究開発機構（ＪＡＸＡ）、産業技術総合研究所、国立環境研究所、農業生物資源研究所などなど、独立行政法人の研究所が建ち並ぶ。

僕がつくばにいた二〇〇四年から二〇〇六年は、まだ鉄道のつくばエクスプレスも開通しておらず、つくばからほかの場所に移動する際には、バス以外に公共の移動手段はなかった。いわば、陸の孤島であった。

それを痛感したエピソードがある。二〇〇五年の正月、つくばから東京に行こうとしたときのことだ。その日は朝から雪が降り積もり、バス停で待てど暮らせど東京駅行きのバスが来る気配がない。けっきょく、その日はつくばから出ることを諦めざるをえなかった。それまで、比較的交通網の発達した場所にしか住んだことのなかった僕にとっては、なかなか新鮮な出来事だった。

つくばは交通の便は不便だが、一方で、住み始めると案外心地良い場所であることに気づいた。もっとも、車を所持していることが前提だが。一通り最低限の物は市内で購入することができるし、街は清潔で道は広く、解放感がある。そして、人も多すぎず少なすぎずといった、ちょうど良い人口密度でストレスを感じることはほとんどなかった。

つくばは人口密度は高くないのだが、さすがに研究都市だけあって、そのあたりの料理屋に入ると、かなりの高確率で研究者らしき人々に出くわす。研究者たちはネームカードを首から提げていたりするので、すぐにわかる。そうでなくとも、ファッション（眼鏡＋Ｙシャツをジーンズにインなど）やオーラですぐに研究者であることがお互いにわかってしまう。

ところで、つくばに対するネガティブな噂として、高い自殺率というのがある。これは完全な誤解で、現在はつくばでの自殺率が他の都市のそれと比べて高いということはない。

少なくとも僕にとっては、つくばはこれまで住んだ中でもっともすごしやすい場所だった。それは、研究所内の環境にも当てはまる。

研究所の職員たちは、みんな親しみやすい人ばかりだった。大学では、学生と教官の間には一定の距離を感じやすい。たとえば、大学では助教、准教授、教授に対しては基本的に「先生」をつけて呼ぶ。ところが、研究所では准教授や教授に相当する役職のグループリーダーに対してすら、「さん」づけで呼ぶのだ。

そのせいなのか、研究所の職員には、大学教官に比べて偉そうにした態度をとる人が少ないように感じる。学生だった僕に対しても、わりとフラットに接してもらっていた。グループリーダーもポスドクも学生も、同じ居室にいたことが影響しているのかもしれない。

研究所にやってきた最初のころは、所内がおじさんばかりで、大学の環境とのあまりの違いに面食らったが、それもしばらくすると慣れてしまった。逆に、そのあとでたまに大学の研究室を訪れると、みんな若すぎて違和感を覚えたくらいだ。

研究所内の人々は、職員、アルバイトさん、ポスドク、学生のカテゴリーに大きく分類される。職員とは研究職も技術職も事務職も含まれるのだが、ふだんは研究職と技術職の人しか接する機会がない。アルバイトにもさまざまな種類があるが、器具を洗ったり実験の補助をする三十代から五十代の既婚女性がおもだ。そして研究所内でもっとも人口が多かったのがポスドクであり、学生はひじょうに少なかった。

研究職の若手職員とポスドクはほとんど年齢が同じであり、業務内容もほぼ同じだ。しかし、前者は終身雇用で働いている場合がほとんどであるのに対して、後者はおおむね五年以下の有期の契約で働く。年収も、場合によっては倍ほどの開きがある。さらに、前者は結婚して家庭をもっていることが多いが、後者はそのほとんどが独身である。

ということで、ポスドクは家庭をもっていないという点で学生と共通しており、ポスドクと学生の垣根を越えたコミュニティが形成されやすい。既婚者の多い職員やアルバイトの人々は、外食や飲み会に参加しづらいからである。

このポスドクと学生を含めたコミュニティは、研究所の枠を超えてつくば全体に形成されることもある。実際、つくば内で昆虫関係の研究分野でつながったポスドクや学生を中心とした飲み会も、たびたび開かれた。この飲み会には五十人以上が参加していたように記憶している。

娯楽の少ないつくばで、研究所に所属する多くのポスドクや学生にとって、このような飲み会は数少ない楽しみでもあったのだ。

ガンマ線照射施設に立ち入る

博士課程一年生のときに原子力研究所（現 原子力研究開発機構）のグラント（Grant）に研究代表者として採択された課題、オニクマムシの放射線耐性の研究。実際のオニクマムシへの放射線照射実験は、高崎にある原子力研究所マイクロビーム細胞照射研究グループ（グループリーダー・小林泰彦教授）の協力のもとにおこなわれた。

まず、野外から採集した成体のオニクマムシの放射線に対する生存能力を検証することから開始した。通常の活動状態と、乾燥した乾眠状態の二つの状態のオニクマムシを照射実験に使った。

野外のオニクマムシを得るには、まず、オニクマムシが棲んでいる路上の乾いたコケを採取し、水を張ったシャーレに入れる。こうすると、コケの中で乾眠状態だったオニクマムシが吸水して復活する。一晩置くと、コケの中からオニクマムシが這い出してくるので、それをつかまえるのだ（コラム クマムシの採集と観察 参照）。この状態のオニクマムシを「活動状態」と定義する。

次に、こうして得られた活動状態の個体を人工的に乾燥処理をすることで、オニクマムシを乾眠に誘導した。

乾燥処理をするには、まず、パラフィルムというフィルムの上に水滴といっしょにオニクマムシを載せ、グリセロール溶液で相対湿度八十五パーセントに調節した密閉容器（デシケータ）の中で二十四時間乾燥させる。グリセロール溶液を決まった濃度に調整することで、密閉容器内の湿度を調節できる。先にも述べたがこれは、溶液の濃度によって、飽和蒸気圧が変化することを利用している。たとえば、水に砂糖を溶かせば溶かすほど、蒸発する水分の量が少なくなる。これと同じ現象である。

その後、オニクマムシをシリカゲルで相対湿度〇パーセントに調節した密閉容器に移し、丸一日以上保存して乾燥させる。

最初に相対湿度八十五パーセントで乾燥処理をする理由は、オニクマムシがうまく乾眠状態に移行するためには、最初はゆっくりと乾燥脱水させる必要があるからだ。もし、オニクマムシを最初から相対湿度〇パーセントの条件で乾燥させると、乾眠に移行できずに死んでしまう。最初の緩やかな乾燥条件でクマムシ体内の水分がある程度抜けたあと、相対湿度〇パーセントでよく乾かして身体の中の水をできるだけ脱水させる必要があるのだ。

このようにして乾燥させたオニクマムシの体内水分量を、測定することにした。クマムシの水分を測定するには、乾燥処理前と、乾燥処理後のクマムシの体重を調べればよい。乾燥処理によって減少した体重が、水の量とみなせるからだ。そこで、問題なのは、クマムシがとてつもなく小さいことだ。そこで、一グラムの一千万分の一の重さまで量れる超精密天秤を使い、クマムシの水分量を測定した。このクマムシ用体重測定に使ったのは、ザルトリウスというメーカーの超精密天秤である。価格はなんと、二百万円。

だが、このような超精密天秤であっても、クマムシはあまりにも小さく軽すぎるため、一匹一匹の体重を量ることは難しい。そのため、十五〜六十匹をひとまとめにして重量を量り、その重量を測定に用いた匹数で割ることで、一匹あたりの体重を推定した。ちりも積もれば山となるように、クマムシも積もればアリの眼ほどの大きさになる。

測定の結果、一匹あたりのオニクマムシの体重は、乾燥前でおよそ六・五マイクログラム、乾燥処理後で一・二マイクログラムだった。乾眠状態では乾燥重量のおよそ一パーセントの水分が含まれていることも推定された。

オニクマムシの放射線照射実験で使う放射線の種類は、ガンマ線と重イオン線の二種類だ。ガンマ線も重イオン線も同じ電離放射線だが、生物に等量の放射線を照射した場合、重イオン線の方がガンマ線よりも大きな影響を与える。

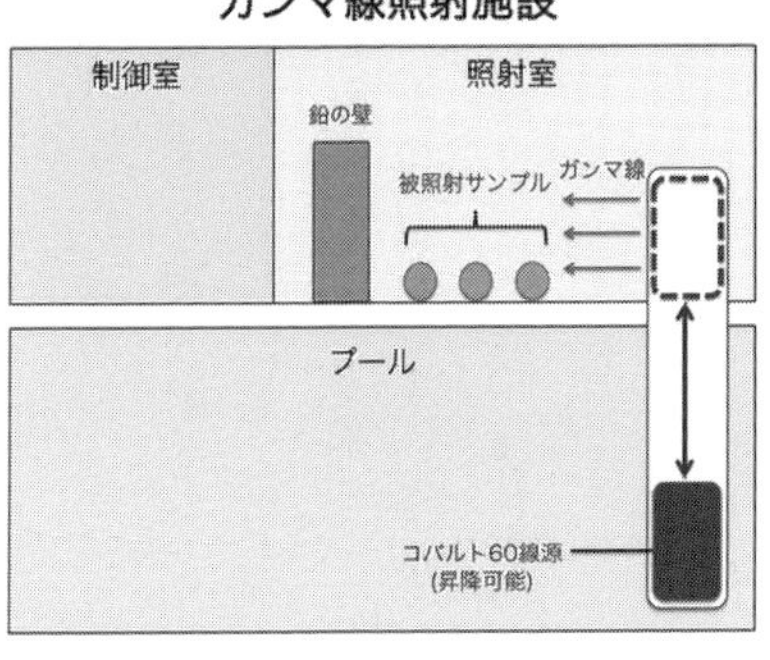

図2・20　原子力研究所内の食品照射棟.

ガンマ線照射は、原子力研究所内の食品照射棟でおこなった(図2・20)。この施設の名前が示すように、食品照射棟は、食品の放射線殺菌の研究などに使われている。

食品照射棟の中は、照射時間などをコントロールする制御室と、サンプルを照射する照射室に大きく分れている。照射室は、どことなく小中学校の体育館の中と似ている。

照射室では、コバルト60線源がガンマ線を発し、サンプルを照射する。ガンマ線の強さは、線源からの距離に反比例する。台所の三角コーナーに入った生ゴミが放つ異臭も、距離を置けば届きにくい。これと同じだ。つまり、サンプルを線源から異なる距離に置くことで、サンプルごとに異なる線量のガンマ線を照射することができる。

コバルト60線源は、ふだんは大量の水で満たされた地下のプールの中に沈んでいる。このときも、線源からはガンマ線が放出されている。プールの中で分厚い水の層に閉じ込めることで、線源からガンマ線が照射室に届かないように遮蔽しているのだ。サンプルを照射する際には、この線源がエレベーターのように照射室に上がり、照射室全体にガンマ線が行き届くようになる。

照射室の床は一部が柵になっており、地下のプールに深く沈んだコバルト60線源を見ることができる。よく見ると、線源がぼんやりと青白く光り輝いているのがわかる。これは、チェレンコフ光と呼ばれ、線源から発せられたガンマ線が水の中で高エネルギーの電子を発生させることに起因している。

ところで、初めて照射室に入ったとき、もし誤作動で室内に閉じ込められ、線源が上がってきたらどうしよう、と少し不安になった。しかし、そのような万一の事態に備えて、照射室内には線源から一番遠い場所にぶ厚い鉛の壁が取り付けられている。この鉛の壁の後ろ側に逃げ隠れていれば、ガンマ線は壁に遮られるため、被曝する心配はない。

さて、いよいよオニクマムシの照射実験の開始である。可愛いクマムシに放射線を照射していじめることに葛藤があったが、もうあとには退けない。ガンマ線の線源がプールの中から引き上げられていく音が、むなしく響きわたっていた。

イオン線照射施設TIARA

照射室でのおよそ二時間にわたるガンマ線照射が終了した。ガンマ線を照射したオニクマムシのサンプルを取り出すために照射室に入ると、空気中の酸素がガンマ線に照射されたことで発生した、オゾンの匂いがする。何ともいえない、身体が宙に浮きそうになるような、ふわふわした匂いだ。

照射した活動状態および乾眠状態のオニクマムシを実験室に持ち帰り、水を入れたシャーレに移した。そのまま丸二日間保存し、動いているオニクマムシの数を顕微鏡を覗きながらカウントした。

照射から二日後、四千グレイまでのガンマ線を照射したオニクマムシは、活動状態で照射した場合も乾眠状態で照射した場合も、そのほとんどが動いていた。尋常でない生命力だと、あらためて思い知らされた。

五千グレイのガンマ線では、活動状態で照射された場合はおよそ半数のオニクマムシが動いていた。その一方で、乾眠状態で照射されたオニクマムシは、ほとんどが動いていなかった。つまり、死んだとみなせた。乾眠状態のオニクマムシの方が、活動状態の場合よりもガンマ線に弱かったのだ。

これは意外な結果だった。低温、高温、高圧など、ほとんどのストレス曝露に対して、乾眠状態のクマムシの方が活動状態のクマムシよりも、はるかに耐性が高いからだ。

じつは、一九六四年にクマムシのX線に対する耐性を調べたメイらも、同様の発見をしていた。チョウメイムシという種類のクマムシでも、乾眠状態の方が活動状態よりもX線に弱かったのだ(May et al., 1964)。

次に、やはり野外から採集したオニクマムシを、活動状態と乾眠状態の場合に分けて、それぞれにイオン（ヘリウムイオン）線を照射した。イオン線の照射は、原子力研究所のイオン照射研究施設・TIARA（Takasaki Ion Accelerators for Advanced Radiation Application）でおこなわれた。

プラスの電荷を帯びた原子のイオンを加速器で磁場をかけながら加速し、ビーム状にしたものがイオン線（イオンビーム）だ。イオン線もガンマ線と同様に電離放射線の一種だが、イオン線はガンマ線に比べてエネルギーが大きく、生物に比較的大きな影響を与える。[*1]

TIARAの内部はガンマ線照射施設とは対照的に、SFっぽいハイテク感かつメタリック感が漂い、いかにもお金がかかっていそうなつくりである。ちなみに、原子力研究所のすぐ近くに「ティアラ」というホテルがあるが、このTIARAとは無関係だそうだ。

オニクマムシを照射後、ガンマ線照射のときと同様に二日間保存して観察した。その結果、乾眠状態でイオン線に照射された場合も活動状態で照射された場合も、ガンマ線に比べて多くの個体が生存していた。だが、やはりイオン線照射においても、オニクマムシは、活動状態の方が乾眠状態よりも高い耐性を示した。

ほかの乾眠動物、ネムリユスリカやブラインシュリンプ（シーモンキー）の乾燥卵では、オニクマムシとは逆に、乾眠状態の方が活動状態よりも高い放射線耐性をもつ。じつは、こっちの傾向の方が理にかなっている。

というのは、放射線が水に当たると生物にとって有害な活性状態の分子（ラジカル）を発生し、周囲の生体分子を傷つけるからだ。乾眠状態時には、体内に水分がほとんどないためにこの有害なラジカルの発生が抑えられ、通常の活動状態よりも放射線に耐えられると考えられるのだ。

では、なぜオニクマムシでは乾眠状態のときよりも活動状態のときの方が放射線耐性が高いのだろうか。これはおそらく、活動状態のオニクマムシがもつ、高い修復能力に起因すると思われた。活動状態のオニクマムシは常に代謝が起きているため、放射線照射中にも、放射線照射が終わったあとも、体内で修復システムが作動できるだろう。これに対して、乾眠状態のオニクマムシは、代謝が起こらない。放射線照射中にDNAやタンパク質などに受けた損傷を修復することができないため、損傷は蓄積してしまう。このために、オニクマムシでは活動状態の方がより高い放射線耐性を示したのだと推測された。

のちに二〇〇六年度の原子力研究所黎明研究課題で僕が主導し、原子力研究所マイクロビーム細胞照射研究グループと共同でおこなった実験の結果から、クマムシのDNAは放射線を照射されてもあまり切断されないことがわかってきた。DNAに結合するクロマチンタンパク質が、放射線によるDNAの切断を防いでいるようである。クマムシがどのようなシステムで放射線に耐えているのか。その全貌を解き明かすことは、今後の大きな目標である。

さて、いよいよ放射線照射後のオニクマムシの生殖能力を検証するときがきた。大事に大事に育てたオニクマムシに放射線を照射し、彼女らが子どもを産むかどうかを観察するのだ。

僕にとってこの実験は今まででもっとも過酷なものとなった。そして、この実験が転機となり、僕のクマムシ研究が新たな方向へと進むことになるのであった…。

＊1　線の飛跡におけるエネルギー付与（Linear Energy Transfer）がイオン線では比較的高い。

クマムシ地獄

野外で捕まえたオニクマムシが、どの程度の線量のガンマ線とイオン線に耐えられるかがわかった。次は、オニクマムシが放射線照射後に生殖能力を保持しているかどうか、つまり、子どもを残すことができるかを検証した。

この実験では、大事に大事に育てたオニクマムシに放射線を照射するわけだが、必要な実験とはいえ葛藤があった。手塩にかけて育てたブタたちを出荷する養豚場の人々も、きっと似た心境があるにちがいない。

実験では、まだ成熟していない七日齢の幼体オニクマムシを活動状態と乾眠状態とに分けて、照射実験に用いた。七日齢で揃った個体をたくさん用意するため、このときは相当数のオニクマムシに卵を産ませ、同じ日に孵化した個体を同時に飼育した。

そして幼体に一千グレイから四千グレイまでの放射線を照射し、その後の生存期間と繁殖を調べた。照射後のオニクマムシを飼育培地に移し、餌としてヒルガタワムシを与えて実体顕微鏡で毎日観察した。動かなくなったオニクマムシは、死んだものとして培地から取り除いた。産卵した卵もないか逐一チェックした。

このときはおよそ五百匹のオニクマムシを一度に飼育観察した。これくらいの数になると、ヒルガタワムシの回収作業や培地交換作業だけでも相当な時間がかかる。クマムシの飼育観察は、土日祝日もなく、毎日、朝から深夜にまで及んだ。平均して一日に十六時間ほどをオニクマムシの飼育と観察に費やす必要があった。

　照射実験前からの飼育作業も含めて、かなりの重労働になっており、心身ともに疲労が蓄積していった。天井を這う巨大なオニクマムシが、ドロドロと溶けながら何匹もバタバタと自分の顔に落ちてくる夢を見て目が覚めた夜もあった。

　そんな生活が続いたためか、とうとうある日血混じりの液体を吐いてしまった。肉体的にも精神的にも限界に達してしまったのだ。それまではデータを毎日とっていたのだが、身体を壊して以降は四～五日に一回の頻度でしかデータをとることができなかった。自宅で寝込んでいる間、ネムリユスリカ研究チームの渡邉さんが心配して僕のところまでご飯の差し入れにきてくれたことは、忘れられない。

　さて、実験結果だが、活動状態および乾燥状態のどちらにおいても、放射線の照射線量が高くなるにつれて、生存期間が短縮する傾向が見られた。クマムシは放射線照射後、数日間は元気でいるように見えても、やはり高い線量の放射線を照射されるとダメージがあるようで、本来の寿命をまっとうすることが難しくなるようだ。また、繁殖については、二千グレイの照射を受けた活動状態の個体からのみ産卵が認められただけであり、それも孵化にはいたらなかった。

　つまり、クマムシといえども高線量の放射線を照射されると、修復できないようなダメージが少なからず残り、その後の長期的な生存や繁殖に負の影響がでてしまうようだ。とはいうものの、あとで紹介するヨコヅナクマムシの研究の結果などからも、クマムシがほかの動物に比べて高い放射線耐性をもつことは間違いないといえる。このときにとったデータは後に論文にまとめて『International Journal of Radiation

Biology』という放射線生物学の国際科学誌に発表した(Horikawa et al., 2006)。僕らの研究がクマムシの放射線照射後の生殖能力を初めて飼育環境下で詳細に明らかにしたものだったため、比較的多くの論文で引用されている。

さて、身体を壊して自宅で療養しているとき、ベッドで天井を見つめながら、思った。オニクマムシは無理だ。飼育にこんなにも手間のかかる種類を研究対象にしていたのでは、とてもじゃないが身体がもたない。なにより研究が進まない。もっと飼育が簡単にできる種類のクマムシを探す必要がある、と。もちろん、そんな種類のクマムシに出会えるかどうかは、まったく保証がなかったのだが。

このときすでに博士課程二年目に突入しようとしていたため、新しく別のクマムシを採集してその飼育系を確立するのは、はてしなく大きなリスクだった。博士課程三年の間で、この目的を達成するのは無理だと思った。順調に進んで博士課程四〜五年、博士課程在籍を許される最長ぎりぎりの六年目まで頑張っても無理かもしれない。

しかし、長期的なクマムシビジョンを見たときに、このままオニクマムシとつき合っていては、クマムシ学を発展させることは難しいと考えた。恋人に別れを切りだすようで辛かったが、覚悟を決めて、オニクマムシよりも簡単に飼育できる種類のクマムシを探す旅に出たのであった…。

コラム　つくばの異次元タイ料理店

つくばにいるときは、一日のほとんどを研究所ですごしていたため、夜の外食タイムは唯一の楽しみだった。ちなみに、僕やバッタの研究をしていた前野浩太郎君（現 京都大学白眉センター特定 助教）は研究所の中でも数少ない学生ということで、ポスドクの先輩方には頻繁に夕食を奢ってもらったりしていた。とくにNさんとMさん、いつも有り難うございました。

さて、意外かもしれないが、つくばの外食産業のレベルはきわめて高い。つくばには外国人が多く住んでいるため、本場の多国籍料理の味を楽しむことができるのだ。とくにインド料理、中華料理、韓国料理、タイ料理はコストパフォーマンスがよい。

僕がつくばで、いや、日本で一番お気に入りだったタイ料理店がある。店の名前はあえて伏せておくが、店名に「居酒屋」の文字が入る。タイ料理店なのに「居酒屋」。台湾人なのに名前が「インリン・オブ・ジョイトイ」なのと同じくらいインパクトファクターの高いネーミングである。

このタイ料理店、外観はネーミングどおりの完璧な純和風の居酒屋である。築年数が数十年になろうかという木造家屋に赤提灯が軒下にぶら下がる。畑に囲まれた場所にぽつんと建っている。三軒建つお店の一軒だ。

この店は、内装も純和風居酒屋だ。店内は、畳の座敷とカウンターで分かれている。店員はすべて、三十歳前後のプチ・ホステス風のタイ人女性である。この場にいると、日本でもタイでもない、どこか異次元の世界に来たような錯覚に陥ってしまう。

客層は中年男性が多い。地元で生まれ育ったと思われる人や、研究者もいる。タイ人の客も多い。店の雰囲気はとてもリラックスしていて、ついつい長居をしてしまう。

ここでは、驚くことにメニューには値段がいっさい書かれていない。そこがちょっと恐ろしいのだが、出てくる料理はすべて絶品だ。そして、日本人の口に媚びないアグレッシブな味つけも大きな特徴であり、日本国内ではなかなか見られないメニューも多く、新規性が高い。

とりわけ、グリーンカレーと竹で作られた筒の中で蒸した餅米の組み合わせは最高だ。竹の香りのする餅米の食感とスパイシーなグリーンカレーとのコンビネーションは、それがカレーというカテゴリーを超えた別の食べ物にまで昇華させてしまう力がある。

このお店では夜九時をすぎると、店員がカラオケでタイの歌を熱唱し始める。純和風居酒屋のつくりの店内でタイ語のカラオケを熱唱する店員。サービスでもなんでもなく、自分たちが楽しみたいから歌うのだ。カラオケの音量は大きく、客どうしの会話もほとんどできなくなるほど。

さらにユニークなのが、この店では客の人数によって請求金額が変わってくることだ。メニューに金額が書かれていないので、請求金額は会計のときまでいくらになるのか想像できない。だが、少人数で食べるとやや割高になり、大人数で行くとものすごく割安になることが判明した。そして、どんな料理の組み合わせで注文をしても、必ず一人一千円単位で割り切れるような金額を請求してくる。十人くらいで行ったときは、目一杯食べて飲んで、一人二千円だった。コストパフォーマンスを考えた場合、損益分岐点に相当する人数は、だいたい四人くらいであろう。

料理のレベルの高さ、コストパフォーマンス、そしてユニークさという点で、このタイ料理店を超える店を僕は知らない。日本国内のレストランについて僕が語るとき、この店を引用する回数は一位である。

しかし残念ながら、何らかの事情で数年前に閉店したという噂を耳にした。ネット上にもほとんど情報がでていないため、知る人ぞ知る伝説の店になってしまった。もうあのグリーンカレーと、うっとうしいカラオケパフォーマンスを楽しめないと思うと、残念でならない。

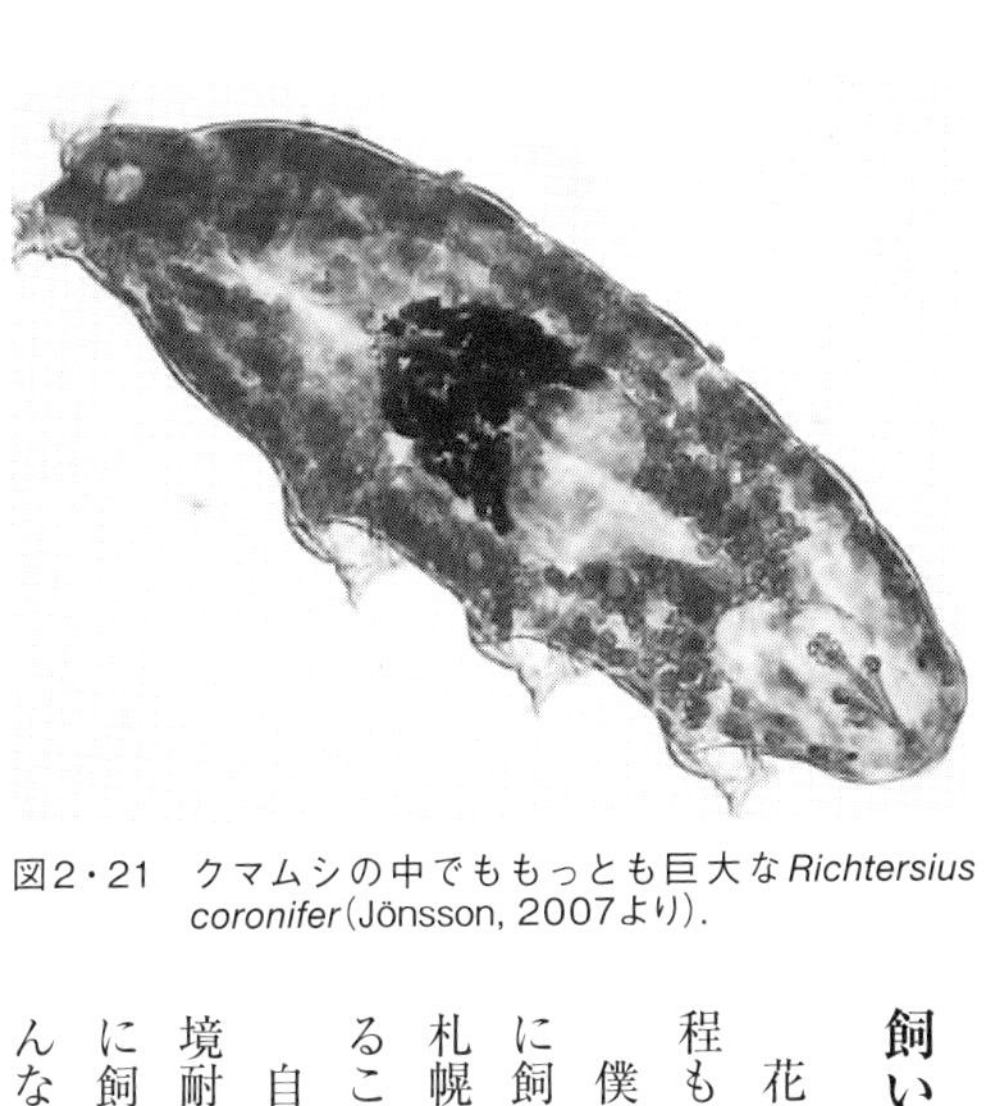

図2・21　クマムシの中でももっとも巨大な *Richtersius coronifer*（Jönsson, 2007より）.

飼い犬の鼻先をゆっくりと触れるように

花粉が大量に舞い狂う季節が、つくばにやってきた。博士課程もすでに二年目に突入していた。

僕は飼育に手間がかかりすぎるオニクマムシを諦めて、簡単に飼育できる種類のクマムシを新たに探すことを心に決めた。札幌にいたときのように、ふたたび野外からクマムシを採集することにしたのだ。

自分がクマムシで興味があるのは、この生きものがもつ高い環境耐性である。だから、僕にとっての理想のクマムシとは、簡単に飼育できるだけでなく、ストレスにも強いようなヤツだ。そんな種類のクマムシを見つけることができれば、いうことはない。

乾燥して寒い地域に棲んでいるクマムシは、高い環境耐性をもつことが予想される。ちょうどこの年（二〇〇五年）の七月にデンマークで開催される環境生理学関係の学会、ISEPEP2005に出席することにしていた。そこで、この学会に出席するついでに、北欧でのクマムシ採集を計画し、北極圏付近のフィールドにも出かけることにした。

学会開催日よりも数日前にデンマーク入りし、まず向かったのはスウェーデンのオーランド島だ。じつはこの島には、緩歩動物門、つまりクマムシの中でもっとも体が大きな種類である*Richtersius coronifer*が生息している。このクマムシは、体長がなんと一ミリメートルもある（図2・21）。

クマムシの中で大型な部類に入るオニクマムシでも、体長はせいぜい〇・七ミリメートルである。*R. coronifer*がいかに巨大なクマムシであるかがおわかりいただけるだろう。

デンマークやスウェーデンのクマムシ研究者は、しばしばこの島から採集した*R. coronifer*を使って研究をおこなっている。この種類は乾燥耐性も凍結耐性も高いことが、すでに判明している。しかも身体が大きいので、ピペットで扱ったり顕微鏡で観察するのも、比較的楽である。研究者らが出版した研究論文には、オーランド島の岩の上に繁茂するコケに多数棲んでいることが記されていたため、この島は北欧クマムシハンティングツアーでは、絶対に外せない場所だったのだ。

ネムリユスリカ研究チームの黄川田隆洋さんと斎藤彩子さんらとともにレンタカーを走らせ、オーランド島に到着した。この平坦な島は建物も多くなく、太陽の光がとにかく眩しかった。そして、この地域がひじょうに乾燥していることも肌で感じた。このときは夏で暑かったのだが、冬は寒くなるようだ。

島では、車道に沿って石垣が果てしなく続いていた。石垣にはおびただしい量のコケが付着しているのが、時速七十キロメートルで移動する車内からでも、視認できた。コケは褐色でほどよく乾燥しており、クマムシの棲み家に適していそうだった。

車を停めて、石垣に近づいた。飼い犬の鼻先をゆっくりと触れるように、静かにコケの感触を確かめた。きめを細かくしたたわしのような感触で、この微小空間内にクマムシが潜んでいることを確信した。丁寧にコケを剥ぎ取り、黙々と封筒にしまい込んだ。

学会後には、ヨーロッパ最北端に位置するノルウェーのマーゲロイ島にも訪れた。マーゲロイ島の北緯は七十一度であり、北極圏に入る。この地域には高木は一本も生えておらず、低木が点々と見られるような草原帯である。ところどころで、トナカイにも遭遇した。

ここでは自転車をレンタルし、リュックサックがいっぱいになるまでコケを見つけるごとに採集した。白夜の中で太陽が静かに放つ光が織りなす、神々しい風景を満喫しながらの、楽しいクマムシ採集となった(図2・22)。

図2・22　北極圏にあるノルウェー・マーゲロイ島を自転車でクマムシを採集してまわった.

さて、時間が遡るが、デンマークのロスキレ大学でおこなわれていたISEPEP2005に、コペンハーゲン大学のクマムシ研究者、ラインハルト・クリステンセン教授が一日だけ出席していた。クリステンセン教授とは二〇〇三年の国際クマムシシンポジウムで顔を合わせたことがあり、こちらのことも覚えてくれていた。

このとき、クリステンセン教授の研究室には、あのオニクマムシの飼育系を確立した鈴木 忠さんが留学していた。クリステンセン教授から、学会が終わったらコペンハーゲン大学の研究室に遊びに来なよ、と言われたので、鈴木さんにも会いにのこのこと出かけて行った。

コペンハーゲンで鈴木さんに再会し、お互いの研究の状況を話し合った。僕の方からは、オニクマムシの飼育がきつくてやめたい、という話をした。オニクマムシをわが子のように愛してやまない鈴木さんから、嫌われるのではないかと怯えながら…。

岩のような塊となって肩にのしかかる落胆

コペンハーゲン大学に留学していた、オニクマムシ飼育のパイオニアである鈴木さんのもとを訪れ、思い切って自分の思いを伝えた。オニクマムシの飼育をもうやめたい、と。すると、即座にこう返された。

「そりゃそうだよ。オニクマムシは物取り（生体分子を得ること）なんかには向かないよ。やっぱり肉食じゃない種類のやつがいいんじゃないかね」

鈴木さんは、思いのほか、あっさりしていた。オニクマムシに対する愛情は尋常でないものがあるが、それと同時にサイエンティストとしての客観的な目ももっていたのである。

そして、鈴木さんですらオニクマムシを実験材料として用いることの難しさを感じていることがわかり、オニクマムシとの決別はマスト（must）であることを確信した。

帰国後、採集したサンプルに水をかけてクマムシが出てくるかを楽しみに待った。スウェーデンのオーランド島で採集したサンプルからは、やはりクマムシ最大の種類である *Richtersius coronifer* が見つかった。顕微鏡下での観察ではあったが、やはりその噂どおりの大きさに圧倒された。体長一ミリメートルを超えると思われる、巨大な個体もちらほら確認できた。このクマムシは、肉眼で見ると黄色い点に見えた。そのほか、ノルウェーのマーゲロイ島で採集したサンプルからも、小さめのクマムシが多数出てきた。

これらの海外組クマムシと、すでに国内で採集してあったコケから得たクマムシのあわせて十数種類を、飼育実験に用いることにした。国内から得られたクマムシの中には、札幌にいたときに見つけたツメボソヤマクマムシや、つくば周辺で見つかったチョウメイムシの種類などがいた。顕微鏡で観察し同じ種類と思われるクマムシの個体どうしを同じ寒天培地に移した。一種類のクマムシについて、複数の寒天培地で飼育し、それぞれ異なる餌を与えて繁殖するかどうかを観察した。

さて、クマムシの餌のチョイスであるが、これは直感に頼った部分も大きい。飼育系ができているクマムシの種類が少ないということは、言い換えれば、クマムシが何を食べているかすらわからないということである。つまり、どんな餌を与えればよいか見当がつかないのだ。それは、巨大クマムシ *Richtersius coronifer* についても同じことだ。

このときは、餌として牛乳寒天、米粒、金魚の餌などを試した。牛乳寒天は、ネムリユスリカの餌として使われていたためだ。また、米粒はワムシの餌に用いられる。金魚の餌は完全に山勘であった。

飼育培地を二十五度で保存して、繁殖するクマムシがいるかを毎日観察した。ただ、どの種類のクマムシも、一定の割合の個体が野外採集の時点で成熟した卵をもっていたため、飼育実験開始から数日間は培地の上に産み落とされた卵が頻繁に見られた。

しかし、淡い期待とは裏腹に、一週間も経つと産卵はほとんど見られなくなり、そのうち、どの種類のクマムシもバタバタと死に絶えてしまった。つまり、試した餌を栄養分として成長や繁殖をしないことが判明した。同じ乾眠動物のネムリユスリカやワムシは、あんなにも簡単に飼育できるというのに、わがクマムシたちの、何と繊細なことか。落胆の感情が岩のような塊となり、肩にのしかかり、肩こりが悪化の一途をたどった。

やはり、クマムシはダメか。飼育しやすいクマムシなんて、永久に見つからないのかもしれない。飼育実験をやったところで時間のムダなのではないだろうか…。そんなネガティブな考えが頭をよぎり、すべてを投げ出したくなった。博士号取得も諦めようかと思った。

解決策がまったく見えない壁に当たっていたなか、オニクマムシの餌として飼育していた、放置中のワムシの培養槽を見ると、緑色の藻が発生していた。おそらく、空気中からワムシの培養槽に紛れた藻類が繁殖したのだろう。

「そういえば、クマムシは藻類を食べる種類がいたんだっけ」

フロリダの国際クマムシシンポジウムで、イタリアの研究グループの誰かが、そんなことを言っていたことを思い出した。そして、この名もなき藻類を、さっそくクマムシの飼育培地に与えてようすを見ることにした。だが、ほとんどの種類のクマムシは、この藻類を与えても繁殖することはなかった。しかし、予想外の種類のクマムシが、この藻類を食べて産卵することを発見したのであった…。

最有力候補クマムシ

ワムシの培養槽に偶然発生した藻類を、国内外で採集したクマムシたちに与えてみた。すると、どうだろう。そのうちの一種類のクマムシが、この藻類を食べて成長しはじめたように見えるではないか。

そのクマムシこそ、修士課程のときに札幌で採集した、あのかわいらしい褐色のツメボソヤマクマムシであった。はるばる北極圏まで出かけてクマムシを捕まえてきたのに、蓋を開けてみれば、もっとも身近なクマムシが、飼育可能なクマムシ種の最有力候補として浮上してきたのだ。

ただし、成長しているといっても、飼育培地にいる十匹ほどのツメボソヤマクマムシのうちの一匹だけが、藻類を食べて身体が大きくなっているように見えただけであった。そこで、この一匹のみを別の新しい飼育培地に入れて、藻類を与えて継続的に観察することにした。

しばらくすると、この一匹が卵を産んだことを確認した。これは、もしかしたら飼育に成功したのかもしれない。高まる期待をぐっと抑え、この卵から孵化した個体をさらに飼育して、ようすを見ることにした。

野外のツメボソヤマクマムシを第一世代とすると、この新たに生まれた個体は、第二世代にあたる。この第二世代は、丸々一生を人工飼育環境ですごすことになる。もし、この第二世代が次世代、すなわち第三世代の個体を産むことを確認できれば、そこで初めてツメボソヤマクマムシの飼育に成功したといえる。もしかしたら、もうすでにツメボソヤマクマムシの飼育系確立の、一歩手前まできているかもしれない。この飼育実験をおこなっている間、毎日が期待感でいっぱいだった。嬉しいことに、その期待に応えるかのように、第二世代のツメボソヤマクマムシは、藻類を食べながらむくむくと大きくなっていった。同時に、こちらの期待感もむくむく膨らんだ。今までことごとく失敗してきた飼育実験であったが、このときはそれまでとは違う手応えを感じていた。

藻類は単細胞だが、飼育培地の中では細胞がいくつも集まって塊のようになる。ツメボソヤマクマムシは、その塊にじっとしがみついて藻類を食べているように見えた。

ツメボソヤマクマムシは褐色だが、顕微鏡で観察すると、体内の器官が透けて見える。藻類の塊にしがみついているときは、ツメボソヤマクマムシの咽頭の器官を活発に動かしているようすが確認できた。また、腹部は緑色の物体で詰まっていた。藻類を食べているのは、まちがいなかった。腹部にはさらに、卵と思われる物体が発達していた。

そして、孵化から三週間が経過したとき、ついに念願の産卵が起きた。産み落とされた卵は、たったの一つだった。この一人っ子の卵を寒天培地に移し、保温したところ、ぶじに孵化をはたした。この第三世代の誕生は、ツメボソヤマクマムシの飼育が成功したことを意味していた。

ついに、肉食以外の種類のクマムシの飼育に成功したのだ。しかも、ツメボソヤマクマムシは、乾眠能力も備えている。ツメボソヤマクマムシこそ、まさに僕が待ち望んでいたクマムシだった。

飛び上がりたいような気持ちとともに、懸念もあった。というのも、第二世代が孵化してから第三世代が誕生するまで、三週間も経過していたからだ。しかも、第三世代は一個体しか生じなかった。現実問題として、この増殖効率では、とても実験には使えない。

ただ、餌に使う藻類を適切な種類にすれば、もっと増えるかもしれない。そう考え、さっそく市販されている藻類をインターネットでリサーチした。その結果、クロレラ工業株式会社の「生クロレラV12」という銘柄が、どうやら餌として適していそうだということがわかった(図2・23)。

図2・23　クロレラ工業株式会社製の「生クロレラV12」.

生クロレラV12は、養殖魚の稚魚に与える餌となるシオミズツボワムシの飼料として、用いられている。このクロレラの系統は、細胞壁が極端に薄いという特徴がある。藻類は本来、細胞壁が発達しており、このために動物が食べても破砕されにくく、消化されにくい。つまり、細胞壁が薄くなった系統は、消化されやすくなっているのだ。

コケの中から新たにツメボソヤマクマムシを召喚し、入手した生クロレラV12を餌として、飼育を開始した。そしてついに、クマムシ革命が起こったのだった。

クマムシ・レボリューション

市販されている生クロレラV12をツメボソヤマクマムシに与えて数日。培地を観察すると、これまでに見たこともないくらいに、卵がたくさん産みつけられているではないか。このときは、卵の一つひとつが、宝石に見えた。

ついに、やった…。

卵から孵化したツメボソヤマクマムシが、さらにクロレラを食べて成長し、また卵を産んだ。その卵から孵ったクマムシも、同じようにすくすくと成長し、子どもを残した。

こうして、安定して何世代もクマムシが生まれ、数もどんどん増えていった。

ついに起こしたのだ。クマムシ革命を。

オニクマムシを扱っていたときは、ワムシをいちいち回収して与えたり、培地を毎日交換していた。しかし、ツメボソヤマクマムシの飼育には、このようなことをする必要はない。餌はクロレラ液を与えれば良いだけだし、培地も三〜四日に一度交換すれば十分だ(図2・24)(口絵8)。

クマムシは増え続けた。クマムシが増えるのに比例して、僕のテンションも上がっていった。バブル経済で地価が上昇し続けているときの、不動産業者のように。本当にうれしくて、実験室で踊りだしてしまいたいほどだった。ジュリアナ東京のお立ち台に上がった、ボディコン女子のように。

僕は、ツメボソヤマクマムシの飼育系を確立したことを、周囲の研究員の人々にも、興奮ぎみに報告していた。

ツメボソヤマクマムシの飼育には成功した。そこで次は、この飼育系のもとで、ツメボソヤマクマムシがどんな生活史をおくっているのかを調べることにした。

この目的のために、卵から孵化したばかりの子ども十匹を一つの培地に入れて、毎日追跡調査をした。培地は全部で四つ、合計四十匹をつかった。

各培地について、毎日、生きている個体の数、産み落とされた卵の数を記録した。卵はその都度回収して新しい培地に移し、孵化した卵を数えるとともに、孵化までの日数と孵化率を調べた。飼育中の温度は二十五度に設定し、飼育培地は暗所に保管した。

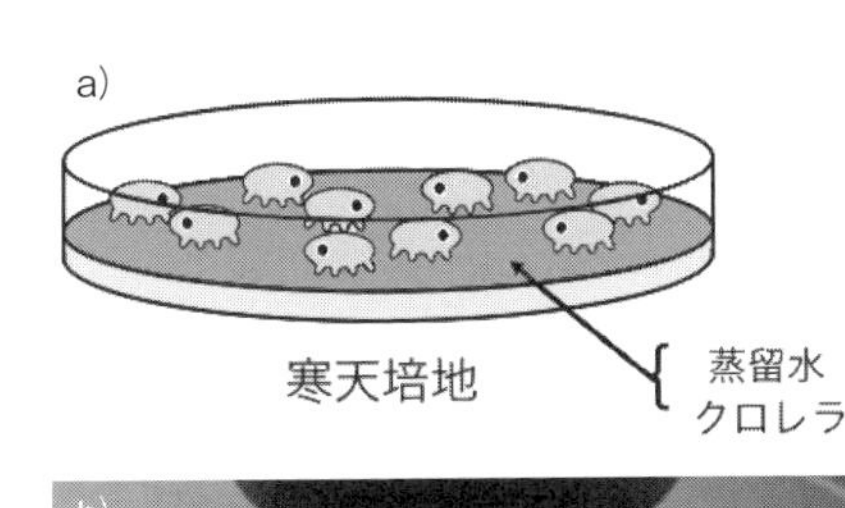

図2・24　(a) ツメボソヤマクマムシの飼育システムの模式図．寒天培地上に餌として生クロレラV12を与える．(b) ツメボソヤマクマムシの培地の写真．

孵化直後のツメボソヤマクマムシの子どもは、透明で体長およそ一五〇マイクロメートル（〇・一五ミリメートル）ほどだが、成長するにつれて身体に褐色を帯びるようになり、孵化四週後には三百〜四百マイクロメートル（〇・三〜〇・四ミリメートル）になった。また、脱皮も度々観察されたが、透明な脱皮殻を寒天培地の中の緑色

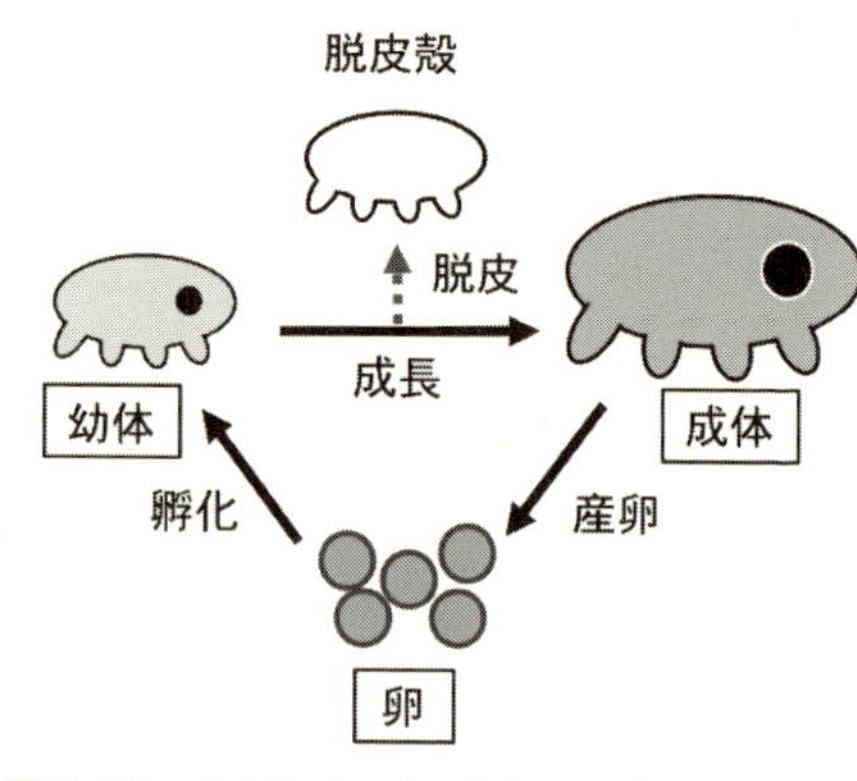

図2・25　ツメボソヤマクマムシのライフサイクル．卵から産まれた幼体は脱皮をして成体になり，交尾をせずに無性生殖で卵を産む．

のクロレラから見つけるのは困難なため、生涯に何回ほど脱皮をするかは不明のままだ。

ツメボソヤマクマムシの最初の産卵は孵化後九日目から起こり、生涯で一個体平均八・三個の卵を産んだ。平均寿命はおよそ三十五日で、これはオニクマムシも含め今までに実験室下の飼育系で研究されたクマムシの中で、もっとも短い寿命である。

オニクマムシでは産卵するときに脱皮が同調して起こり、卵は脱皮殻の中に産み落とされる。だが、ツメボソヤマクマムシは身体の外に卵を産み落とす。また、オニクマムシの卵の表面はつるつると平滑なのに対して、ツメボソヤマクマムシの卵には細い毛のような突起がびっしりと生えている（図2・6参照）。

この毛は、卵がコケにうまい具合にくっつき、降雨などの水流でコケの外に放り出されてしまうのを防ぐための仕掛けだと思われる。

また、培地中のツメボソヤマクマムシの成体どうしが、まるで談合でもしているかのように一箇所に集合しているのがよく観察される。このような場所には、しばしば多くの卵が産み落とされていることから、メスどうしが何らかのフェロモンを放出して集合するのではないかと考えているが、この原因についてはまだ不明だ。

ツメボソヤマクマムシは培地に一個体のみで飼育をしても、卵を産んで次世代を残せることがわかった。その後のイタリアの研究グループとの共同研究によって、個体中に精子が見られないことが確認された。このクマムシはメスのみで無性生殖をおこなっているらしい。オスは存在しないのだ。

ドラゴンボールのナメック星人と同じだ。ナメック星人は、交尾をせずに、みずから卵を作って口から吐き出して産む。

卵を産むのはメスの仕事。だから、ナメック星人もメスだ。ツメボソヤマクマムシも、交尾なしに、メス一匹で卵をつくって産む。卵は五日ほどで孵化する。

ということで、ツメボソヤマクマムシの飼育環境下での基本的な生活史を明らかにすることができた（図2・25）。次は、この飼育されたクマムシがどの程度の乾眠能力や極限環境耐性能力を保持しているのかを調査することにした。僕の目標は、あくまでもクマムシの耐性の謎を解き明かすことにある。もし、飼育個体が耐性を保持していなければ、この目的は達成できない。

そして、乾燥実験と環境曝露実験をつうじて、このツメボソヤマクマムシの驚異的な耐性能力が明らかになるのであった…。

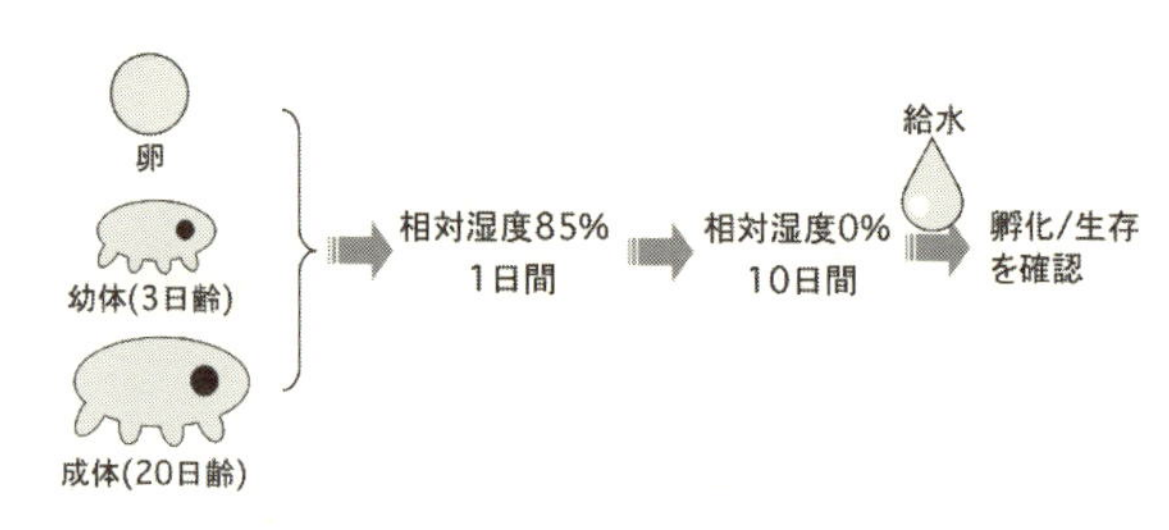

図2・26　ツメボソヤマクマムシの乾燥スケジュール.

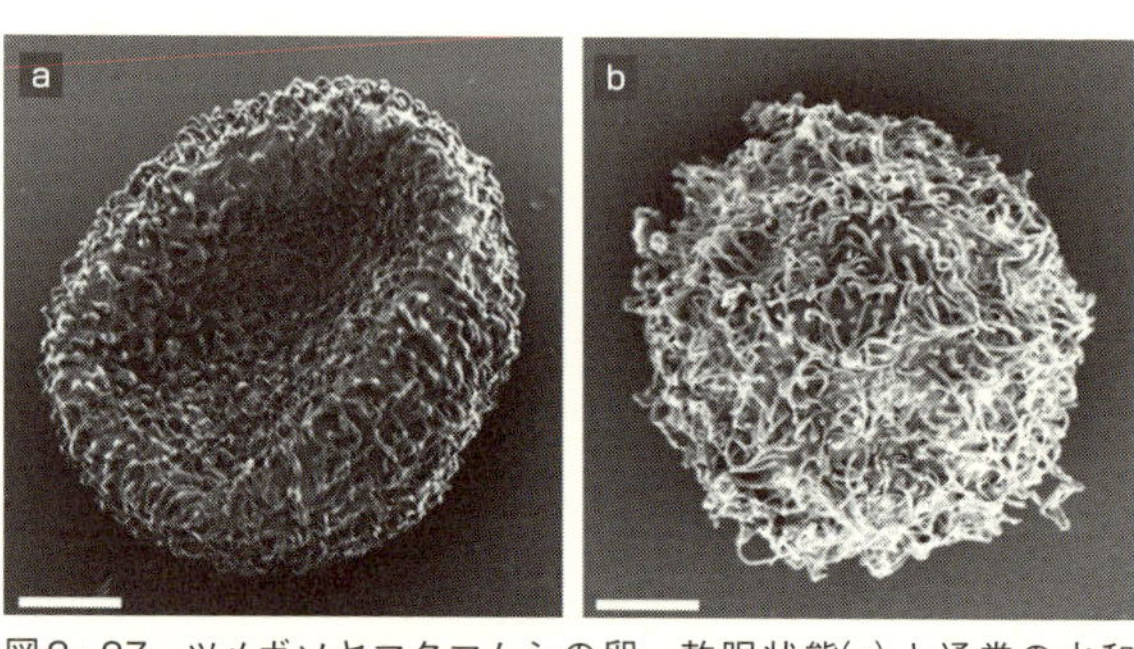

図2・27　ツメボソヤマクマムシの卵．乾眠状態(a)と通常の水和状態(b).（写真撮影：堀川大樹・行弘文子・田中大介）(Horikawa et al., 2008より).

乾燥スケジュール異常なし

ツメボソヤマクマムシはどれほどの耐性があるのだろうか。まず、飼育したツメボソヤマクマムシの乾眠能力を調べることにした。

ツメボソヤマクマムシについて卵、幼体、成体の三つの発育段階での乾眠能力の有無を調べた。幼体は三日齢のものを、成体については二十日齢の個体を用いた。

クマムシの日齢別の乾眠能力が調べられたのは、僕によるこの実験が世界で初めてだった。これも、クマムシの飼育系を確立したからこそ、可能になった実験だ。野外で採集した個体の日齢は、わからないのだから。

卵、幼体、成体をそれぞれ別のプラスチックシャーレの上に、ほんの少しの水滴といっしょにガラスピペットでのせた。本当に、小さな水滴といっしょに。

クマムシがのったプラスチックシャーレは、自作のクマムシ乾燥器に入れて密閉した。クマムシ乾燥器は、グリセロール溶液で相対湿度八十五パーセントに調節してある。

クマムシを、この乾燥器の中で二十四時間乾燥させた。その後、乾燥剤シリカゲルが入った相対湿度○パーセントの乾燥器にクマムシたちを移し、さらに十日間乾燥させた(図2・26)。

こうして乾燥させたクマムシを観察すると、卵は空気の抜けたサッカーボールのように、くぼんだ状態になっていた(図2・27)。

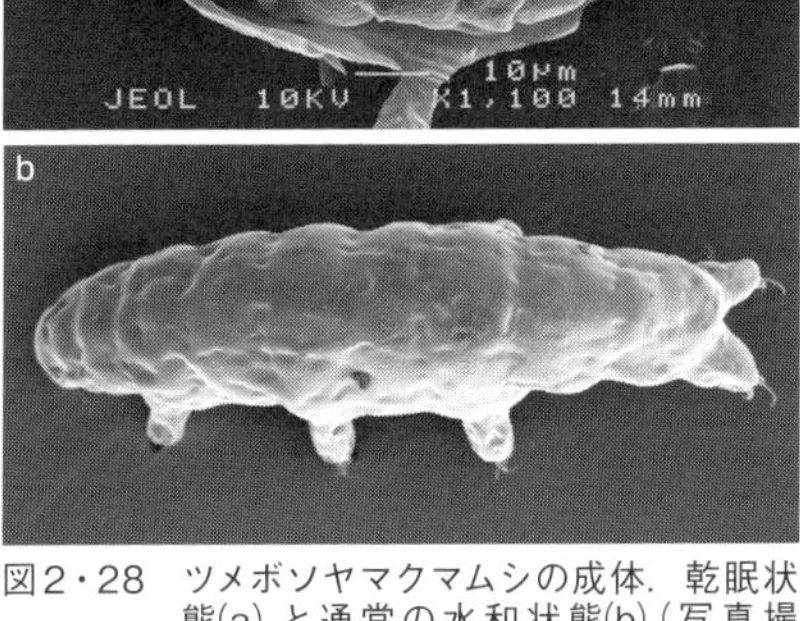

図2・28　ツメボソヤマクマムシの成体．乾眠状態(a)と通常の水和状態(b)(写真撮影：堀川大樹・行弘文子)．

一方、幼体と成体では、体が縦方向に縮こまっていた。典型的な乾眠状態のクマムシに見られる、ｔｕｎ(樽)と呼ばれる形態だ(図2・28)。

乾燥させた卵、幼体、成体のそれぞれに蒸留水を与えた。卵は孵化するかどうかを、幼体と成体は活動を再開するかどうかを観察した。

その結果、乾燥させた卵では、水を与えてから十日以内に八十パーセントが孵化した。ツメボソヤマクマムシの卵の孵化率は、乾燥していない条件でも八十パーセントほどである。つまり、卵は今回の乾燥処理の影響をほとんど受けなかったことがわかる。高い乾燥耐性を備えているということだ。

また、乾燥した幼体と成体も、水を与えると二十分もしないうちに、多くの個体が肢を動かし始めた。給水から二十四時間後に観察すると、幼体も成体もほぼすべての個体が活発に動いていた。こちらも、すばらしい乾燥耐性能力であることがわかった（図2・29）。

これらの実験結果から、飼育したツメボソヤマクマムシも乾眠能力を備えていることを確信した。この結果を見せれば、多くのクマムシ研究者も、そう結論づけるだろう。

だが、乾眠の重要な定義の一つとして「体内の水がほとんど失われていること」があげられる。

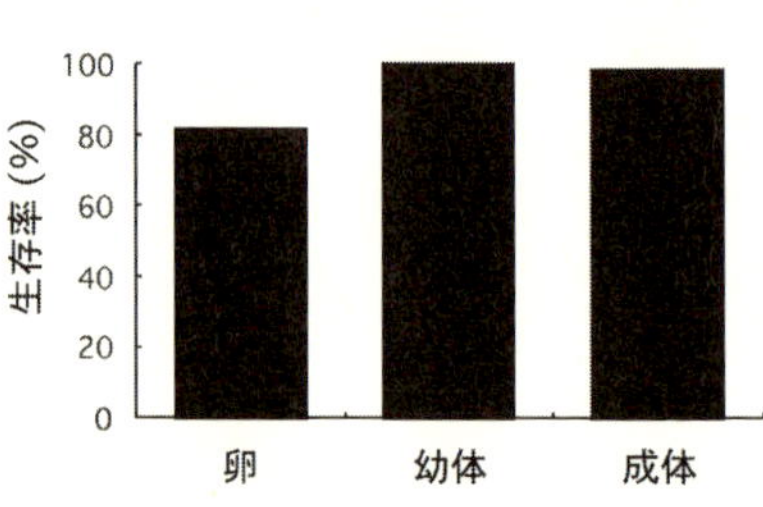

図2・29　乾燥処理をし，給水後に復活したツメボソヤマクマムシの割合．卵の場合は孵化，幼体と成体の場合は活動の有無を生死判定の指標とした(Horikawa et al., 2008より)．

クマムシやそのほかの乾眠生物を研究していない研究者に、ツメボソヤマクマムシに乾眠能力があることを納得してもらうには、乾燥処理をしたクマムシに水分がほとんどないことを示さなくてはならない。「乾燥処理をしても、身体の中に水分を保持していたんじゃないの？」と反論されてしまうかもしれないのだ。

そこで、オニクマムシのときと同じように、超精密天秤を用いて乾眠状態のクマムシの水分量を測定することにしたのだった。

横綱級の乾燥耐性

もがもが動いている通常の活動状態のツメボソヤマクマムシが、乾燥処理によってどれくらい水分を失うのか。これを知るためには、まず、活動状態の個体の水分量を測定しなければならない。

このためには、もがもがクマムシの体重を量り、そのあとでオーブンで焼いてすべての水分を蒸発させたカラカラクマムシの体重を測定する。この前後の体重差を、もがもがクマムシの水分量とみなすのだ。

ちなみに、もがもがクマムシをオーブンで百二十度で熱すると、当然だが死んでしまう。悲しいが、実験のためにはしかたがない。

オニクマムシでは体重の測定に六十匹ほどを要したが、より小さく軽いツメボソヤマクマムシでは、体重を測定するために百匹ほどをまとめて量る必要があった。塵も積もれば山となるように、クマムシも積もればアリの眼ほどの大きさになる。

もがもがしているツメボソヤマクマムシを百匹ほどガラスピペットで集め、五ミリメートル四方のアルミ片の上に水滴といっしょに慎重にのせた。この水滴は、室内では十分もしないうちにすべて蒸発してしまう程度のほんのわずかな量である。

このクマムシたちをアルミ片ごと電子天秤にのせ、ルーペで覗きながら観察し、クマムシが纏った余分な水の層がなくなった時点での重量を「活動状態の体重」として記録した。このとき、もたもたしているとクマムシじたいの乾燥が始まってしまうため、活動状態の体重を記録できなくなってしまうので、注意

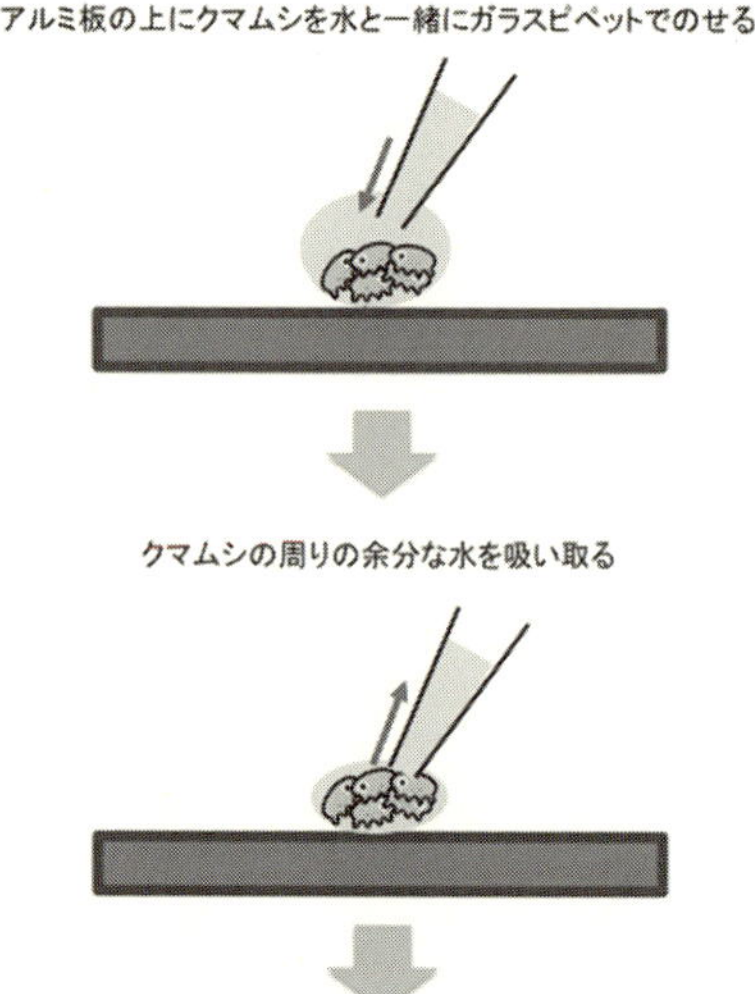

図2・30　活動状態のクマムシの体重を測定する手順.

が必要だ（図2・30）。

その結果、活動状態のツメボソヤマクマムシ一匹あたりの体重はおよそ二マイクログラム弱、つまり百万分の二グラム弱であることがわかった。

そのあと、このクマムシたちをオーブンで焼いてカラカラにし、重量を測定した。もがもがクマムシの体重からカラカラクマムシの重量を引き、もがもがクマムシの水分含有率を推定したところ、七十八・六パーセントであることが判明した。

次は、いよいよ前回の乾燥条件で乾燥させたツメボソヤマクマムシの水分量の測定だ。乾燥させたツメボソヤマクマムシをやはり百匹ほどまとめて体重測定すると、一匹あたりおよそ〇・六四マイクログラムであることが判明した。ここからさらにドライオーブンで焼いて再度体重を量ったところ、〇・五七マイクログラムまで減少していた。この時点で、クマムシ体内の水分は〇になったと仮定した。

つまり、（〇・六四－〇・五七＝〇・〇四）マイクログラムが、乾燥処理をしたツメボソヤマクマムシ一匹あたりの水分含量ということになる。これらのデータから、乾燥処理をしたツメボソヤマクマムシの水分含有率はおよそ二・五パーセントであることが明らかになった。

これは、体内にほとんど水分がないことを示しており、乾燥処理をしたツメボソヤマクマムシがまちがいなく乾眠状態に入っていること、そして同時に、この生きものが高い乾燥耐性能力をもっていることを証明するものであった。この結果は予測していたものであったが、実際に手堅いデータが取れてほっとした。

次に、ツメボソヤマクマムシが乾燥処理の過程において、どれくらいのスピードで乾燥していくかを調べた。

これには、クマムシの体重を天秤の上で乾燥させながら、同時に体重をリアルタイムで測定するという合わせ技を使った。電子天秤がすっぽりと入る大きな密閉容器を用意し、グリセロール溶液を使って容器内を湿度八十五パーセントに調節できるようにした。この中でクマムシを乾燥させることで、体重の変化をリアルタイムに記録し、水分の減少速度を推定しようという作戦だ（図2・31）。

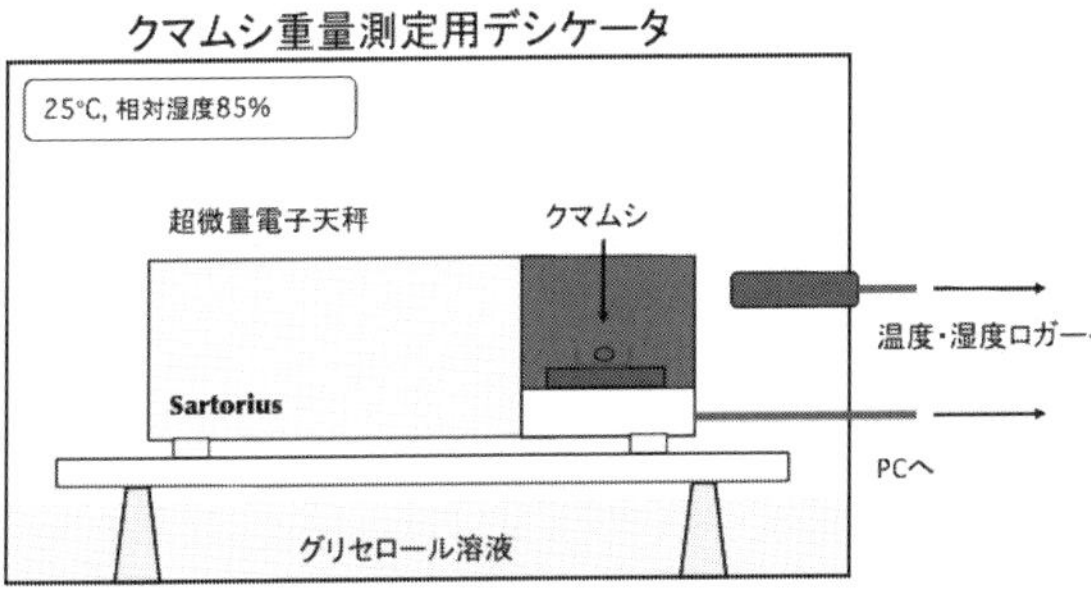

図2・31　ツメボソヤマクマムシのリアルタイム体重測定作戦．グリセロール溶液で密閉容器内の相対湿度を85%に調節．容器内には精密天秤を設置し，そこに活動状態のクマムシを乗せる．クマムシの周囲の水が見えなくなった時点から体重の減少＝体内の水分の蒸発量をリアルタイムで測定する．

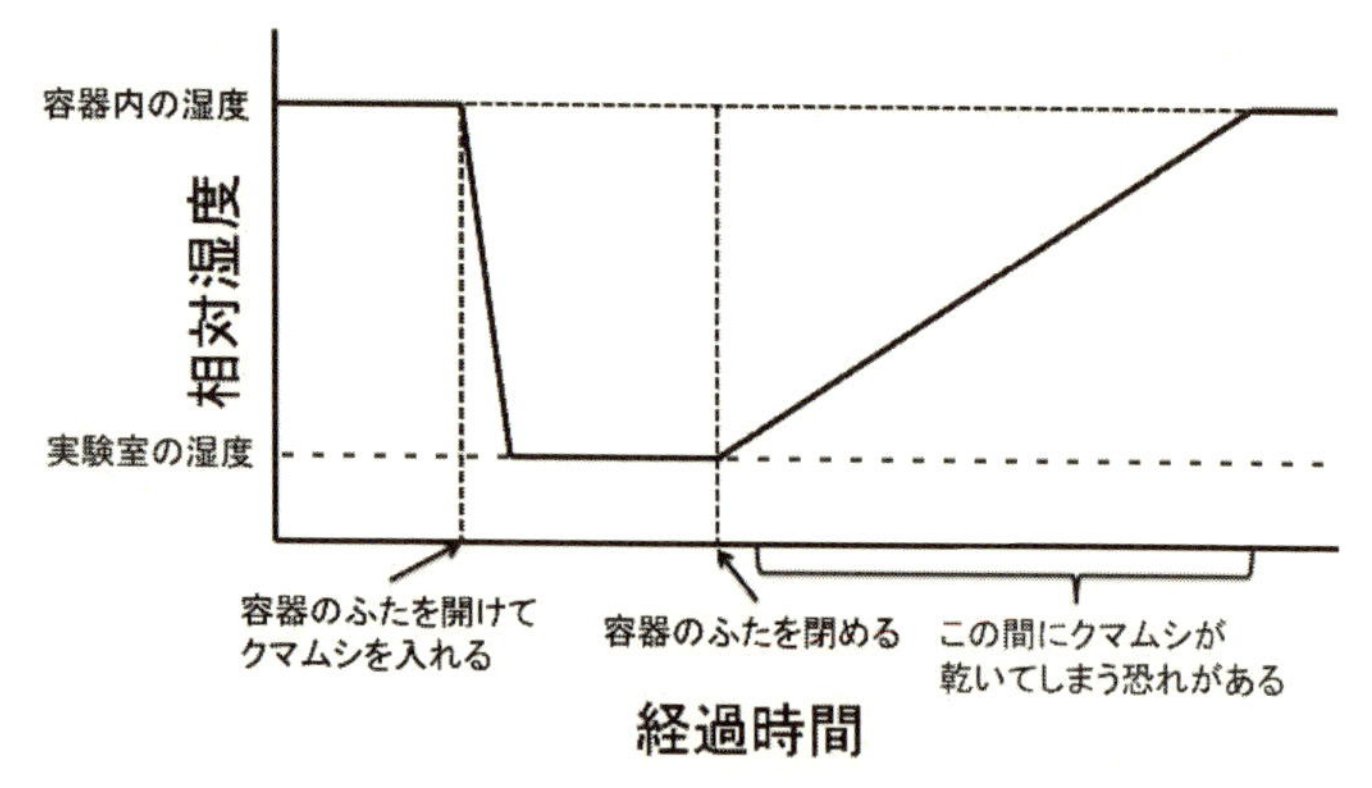

図2・32　密閉容器内の湿度の変化．容器外の湿度が異なるとき，容器の蓋を開けると，容器内の湿度は劇的に低下するため，クマムシはすぐに乾燥してしまう．

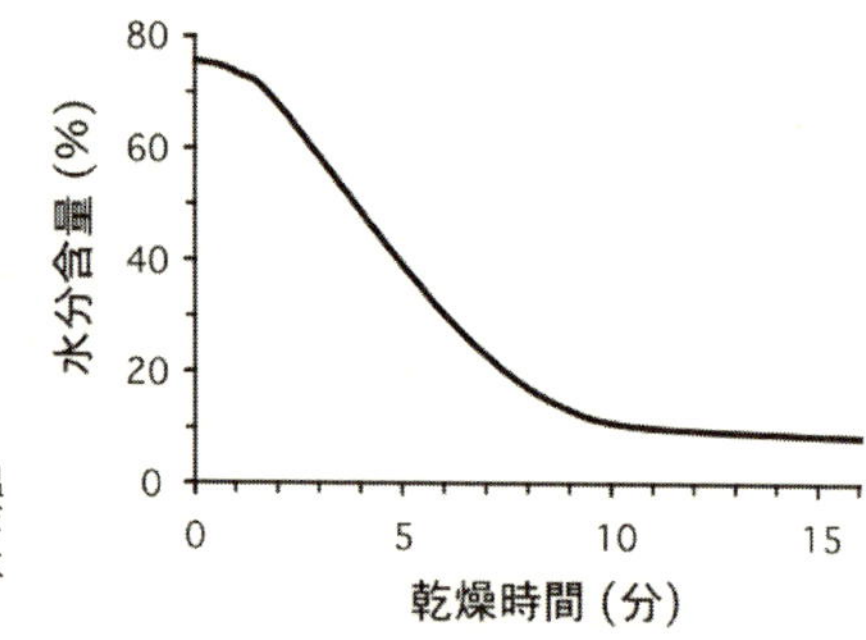

図2・33　相対湿度85%，温度25℃でのツメボソヤマクマムシの水分量変化の推移．

しかし、ここで問題があった。

前述したが、通常、実験室の湿度は四十～六十パーセントと、容器内の湿度よりも低い。この場合、クマムシを天秤にのせるために容器の蓋を開けると、容器内の湿度が一瞬にして低下してしまい、ふたたび容器を密閉しても飽和湿度の八十五パーセントに達するまで数十分かかってしまう。飽和湿度に達する前にクマムシの周りの水が蒸発し、クマムシが乾燥し始めると、きちんとしたデータを取ることができない（図2・32）。

そこで、やはり狭い部屋を

クマムシ乾燥実験室にし、加湿器を使ってこの実験室全体の湿度を八十五パーセントほどに調節した。この中で実験をすれば、かなり精度の高いデータを取ることができる。

体重の変化は、専用のソフトウェアを使ってリアルタイムで記録することができる。この解析の結果、ツメボソヤマクマムシは乾燥開始から十五分ほどで水分の含有率が十パーセントまで低下した。このことからツメボソヤマクマムシは急速に脱水することがわかる(図2・33)。これと同様の条件で乾燥させたツメボソヤマクマムシが乾眠状態に移行し、そののちに復活したことは先に示した。つまり、ツメボソヤマクマムシは急速な脱水でも乾眠に入れることがわかった。

ツメボソヤマクマムシがとてつもない乾燥耐性をもつことがわかり、なんともいえない充実した気分になった。次は、意気揚々と、このクマムシが極端な温度や放射線等のストレスに耐性をもつかを調べることにした。

命名「ヨコヅナクマムシ」

ツメボソヤマクマムシが高い乾眠能力を有することがわかった。次は、彼女らが各種の極限的環境ストレスに耐えられるかを確認することにした。そこで、乾眠状態と活動状態に九十度の高温、マイナス一九六度の低温、有機溶媒のアセトニトリル、四千グレイの放射線(ヘリウムイオン)をそれぞれ曝露し、生存できるかどうか検証した。当然のことながら、いずれも私たちヒトであれば即死するような超凶悪的ストレス条件だ。

このような非人道的ストレスを曝露したあと、乾眠クマムシに水をかけてやった。しばらくすると、彼女らはなにごともなかったかのように動き始めた。予想どおりとはいえ、驚異的なストレス耐性能力である。

実際にはぬるま湯のような安泰な環境にもかかわらず、現代の日本を「ストレス社会」だと形容するような人間は、クマムシの爪の垢でも煎じて飲むべきだ。とまでは思わなかったが、「鈍感になることでストレスに耐える」というクマムシの戦略を、私たちも見倣ってよい。

ちなみに活動状態のツメボソヤマクマムシは、高温あるいはアセトニトリルの曝露では全滅してしまった。活動状態であっても低温で凍らせた場合は、一部が生存していた。そして、放射線照射に対しては、乾眠状態の場合よりも活動状態の場合の方が高い生存能力を示した（図2・34）。

このように、放射線照射に対するツメボソヤマクマムシは、オニクマムシのそれと似た傾向がみられた。クマムシでは乾眠状態よりも活動状態の方が、放射線への防護能力が高まるメカニズムが存在するのだろう（Horikawa et al., 2008）。ただし、卵（胚）では、乾眠状態の方が水和状態よりも高い放射線耐性がみられた（Horikawa et al., 2012）。細胞分裂時の細胞は、放射線感受性が高まるため、細胞分裂が活発な水和した胚の方が、細胞分裂が停止している乾眠状態の胚よりも放射線耐性が低くなったのだろう。

いずれにしても、飼育したツメボソヤマクマムシが高い乾眠能力と極限ストレス耐性をもつことを証明することができた（Horikawa et al., 2008）。

さて、これまでずっと「ツメボソヤマクマムシ」という名前を用いてきたが、じつはこれは、きちんとした種名ではない。「ツメボソヤマクマムシ」は*Ramazzottius*属の和名であり、この種類の学名である*Ramazzottius varieornatus*の和名は存在しない。そこで、僕はこの種類の和名を考えることにした。クマムシの中でもとくに乾燥耐性などが高いことから、「ヨコヅナクマムシ」と命名。この名前にしたのは、僕が相撲好きであるという理由もある。ということで、これまでツメボソヤマクマムシと呼んできたこのクマムシについては、ここから先はヨコヅナクマムシと表記する。

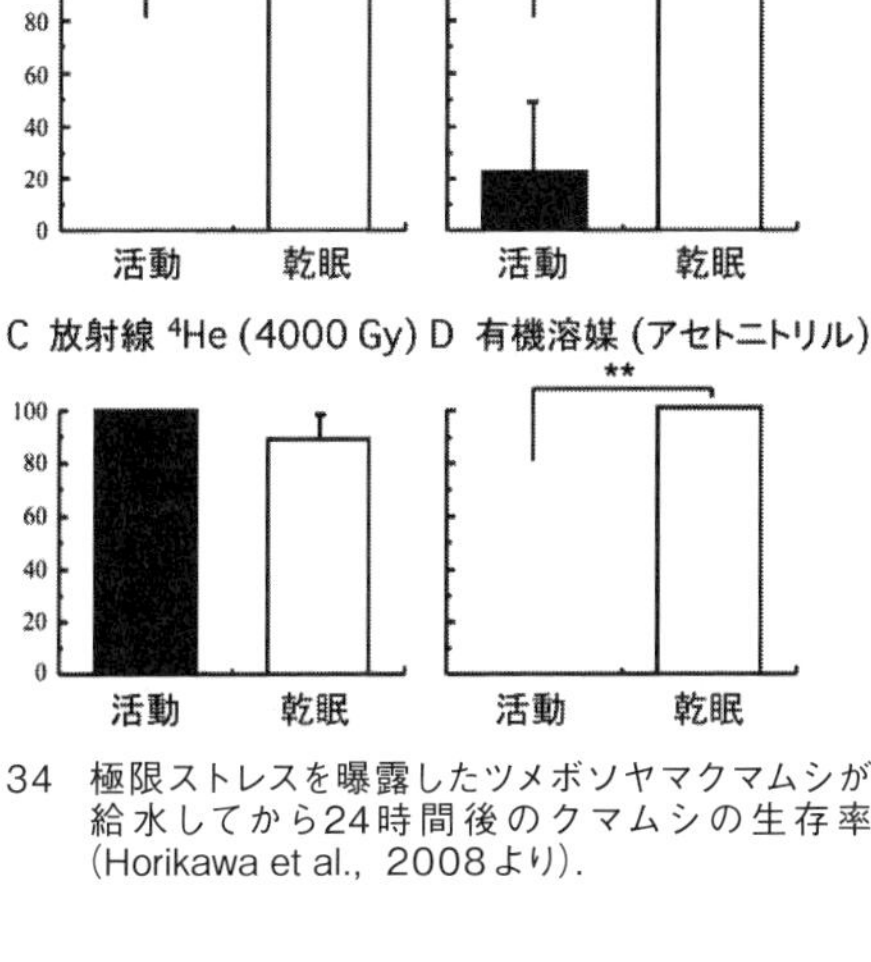

図2・34　極限ストレスを曝露したツメボソヤマクマムシが給水してから24時間後のクマムシの生存率(Horikawa et al., 2008より).

とにもかくにも、野外から自分で見つけたクマムシの飼育系を開発し、飼育した個体を使って一連の研究を遂行することができた。

ふり返ってみると、鈴木さんがオニクマムシの飼育系を確立したことが、より飼育しやすいクマムシの探索を始めるきっかけになった。当時在籍していたネムリユスリカ研究室の奥田さんも長い年月をかけてネムリユスリカの飼育系を確立しており、生きものの飼育が研究をするうえで基礎となることを僕に繰り返し強調していた。

二人がいなかったら、この研究成果は得られなかったことだろう。この二人が身近な存在だったのは、僕にとってひじょうにラッキーであった。人との出逢いは、何と大切なことだろう。

それではここで、今回のツメボソヤマクマムシ改めヨコヅナクマムシの研究成果の意義をまとめておきたい。クマムシの耐性能力は、多くの生物学者の関心を集めてきた。しかし、適切な飼育系が整備されてこなかったことが、実験室で安定した研究をすることを妨げてきた。研究者がクマムシ研究への参入を躊躇してきた理由だ。

今回、耐性能力に優れたヨコヅナクマムシを比較的容易に飼育ができたことで、このクマムシを極限環境動物のモデル生物として使い、さまざまな解析がなされることが期待できる。たとえば、乾眠能力にかかわる物質や遺伝子を探したりする実験などが、やりやすくなる。

この意義を考えると、今回の研究成果は、博士号取得を可能にするような業績だと思えた。「もう博士号取得は無理なんじゃないか」と諦めかけたころから一年後の、博士課程二年の冬だった。

一定の研究成果をあげたことで、こう思った。まだ、研究の神様は自分を見捨てていない。研究の世界に残っていてもいい、と。

そして、この成果をＮＡＳＡ主催の学会に発表するために、テンションがやや高めのまま一人アメリカに旅立ったのであった…。

コラム　乾燥耐性メカニズム

水は生命にとって必須の物質だ。私たちの身体から水分がなくなると、死んでしまう。細胞が脱水すると、細胞膜が壊れたり、タンパク質やそのほかの生体物質の構造が崩れる。ふたたび水を与えたところで、元には戻らない。細胞内のミクロな構造は、本来あるべき姿が保たれてこそ機能する。だから、この姿を失えば生命活動をおこなうことはできない。つまり、死ぬ。このことを考えれば、クマムシが完全に乾燥しても生きながらえられる事実は、驚くべきことだ。

それでは、なぜクマムシは乾燥しても耐えられるのだろうか。乾眠時のクマムシでは、生体物質の構造が壊れたり崩れたりすることなく、そのまま保たれるはずだ。

アルテミア、センチュウ、ネムリユスリカなどの乾眠動物では、乾眠に伴ってトレハロースという二糖類が蓄積することが知られている。このトレハロースの蓄積量は、乾眠時には体重の十五～二十パーセントにまで達する（Watanabe, 2006）。このことから、乾燥した細胞の中でトレハロースが水の代わりに細胞膜やタンパク質と相互作用をして構造を維持していると考えられた（Crowe, 1998）。

クマムシでも、乾眠時にトレハロースが蓄積することが報告されている。だが、前述の乾眠動物に比べるとトレハロースの蓄積量は三パーセント未満と少ない（Westh and Ramrøv, 1991; Hengherr et al., 2008）。クマムシの中には、まったくトレハロースを蓄積しない種類もいる。また、同じく乾眠動物のヒルガタワムシにも、トレハロースをまったく蓄積しない種類がいる（Lapinski et al., 2003）。このことから、少なくともクマムシの乾燥耐性において、トレハロースは必要不可欠な物質ではないことがうかがえる。
トレハロースの次に乾燥保護物質の候補に挙がったのが乾燥耐性のある植物の種子などで見られるＬＥＡ(Late Embryogenesis Abundant)タンパク質だ。ＬＥＡタンパク質をコードする遺伝子は動物ではセンチュウで初めて見つかり(Brown et al., 2002)、クマムシやワムシも含めた乾眠動物でも見つかっている。

ＬＥＡタンパク質は水に溶け込む能力がきわめて高い。通常のタンパク質は高温で熱すると凝集して沈殿してしまうが、ＬＥＡタンパク質は沈殿せずに水に溶けたままで存在できる。ＬＥＡタンパク質は、細胞膜やほかのタンパク質と相互作用し、これらの構造を保護したり凝集するのを防いでいると考えられている。

最近の研究から、ヨコヅナクマムシの体内ではＬＥＡタンパク質はあまり作られていないことがわかった。ヨコヅナクマムシからは、ＬＥＡタンパク質と似た働きがあると思われるＣＡＨＳ(Cytoplasmic Abundant Heat Soluble)タンパク質とＳＡＨＳ(Secretory Abundant Heat Soluble)タンパク質がみつかった(Yamaguchi et al., 2012)。

ＣＡＨＳタンパク質もＳＡＨＳタンパク質もＬＥＡタンパク質と同様に、熱しても凝集して沈殿しない。また、これらのタンパク質は乾燥するとコイル状の構造(αヘリックス構造)をとるが、この特徴もＬＥＡタンパク質と共通する。ＣＡＨＳタンパク質は細胞内に、ＳＡＨＳタンパク質は細胞外の空間に蓄積する。それぞれのタンパク質は、異なる生体物質を保護しているのかもしれない。

乾燥保護物質として候補に挙がっているおもなものは、以上だ。遺伝子工学技術により、乾燥耐性をもたないヒトの細胞などでトレハロースやＬＥＡタンパク質を合成すると、細胞が乾燥に強くなるという報告もでている。だが、それでも、ヒトの細胞をクマムシのように生きたまま完全にカラカラにすることは、まだ成功していない。おそらく、これらの乾燥保護物質候補のほかにも、乾燥耐性に必要な物質やシステムがあるのだろう。
クマムシの乾眠の謎が解ければ、生肉など生鮮食品や移植用臓器の乾燥保存技術の確立も現実的になる。人間カップラーメンを作るのも夢物語ではなくなる。クマムシの小さな身体に、大きな夢が詰まっているのだ。

コラム　乾燥すると縮まるクマムシの謎

クマムシは乾眠に移行すると、身体が縦方向に縮んで樽のようになり、急速に乾燥すると樽にならず、ぺちゃんこになる。ぺちゃんこになるのは乾眠失敗のサインであり、水をかけても復活することはない。また、酸素不足などで身体が伸びてしまったクマムシ（この状態を窒息仮死という）を乾燥処理しても樽に変形せず、身体が伸びた状態で乾燥する。このような乾燥クマムシに水を与えても、やはり復活することはない。乾眠能力のないクマムシも、乾燥しても樽にはならず、死んでしまう。

このことから、乾眠がきちんと成立するためには、樽の形成が必須ではないかとも思える。とはいえ、この観察はあくまでも「樽形成」と「乾眠成立」という二つの事象の相関を見ているにすぎない。「樽形成」が「乾眠成立」の「必須条件」とは言い切れないのだ。

この謎を解明すべく、デンマークの研究グループがある実験をおこなった（Halberg et al., 2013）。薬剤を与えることでクマムシが樽に変身できないようにし、乾眠できるかどうかを検証したのだ。実験で使用した薬剤は二つ。一つは代謝に必要なエネルギーを作れなくするＤＮＰ（2,4-Dinitrophenol）で、もう一つは筋肉を収縮できなくするファロイジンだ。

ＤＮＰは、生物が必要とするエネルギーを供給するＡＴＰという物質の合成を阻害する。これと同様の働きをする薬剤は農薬としても使われている。ファロイジンはタマゴテングタケという毒キノコに含まれる成分で、筋繊維をつくるミオシンというタンパク質に結合し、筋収縮を阻害する。両方の薬剤ともに、結果としてクマムシが樽に変化するのを妨げる。

クマムシの一種カザリヅメチョウメイムシ *Richtersius coronifer* をＤＮＰで処理してエネルギーを作れなくした場合は、ほとんどが乾眠に移行できずに死亡した。乾眠に移行するためには、少なくともエネルギーが必要であることが示された。また、ファロイジンにより筋収縮を阻害した場合は、ＤＮＰほどではないが死亡率が高まった。このことから、正常な筋収縮が樽の形成に必要であり、乾眠にも影響を与える可能性が示された。

ただ、ＤＮＰによるエネルギーの産生を妨げる影響は、樽形成だけでなく、乾眠の成立に必須な遺伝子やタンパク質の発現を妨げ、また、乾眠成立のための代謝経路も妨げてしまうかもしれない。また、クマムシが乾眠に入れない程度の濃度のファロイジンを与えると、乾燥処理をしなくてもクマムシが死んでしまう。乾眠に筋収縮が必要かどうかは、微妙なところだろう。

このようなわけで、樽になることがクマムシの乾眠に必要不可欠かどうかは、まだイマイチはっきりとしない。また、ネムリユスリカでは、体内から取り出した細胞じたいが乾燥に耐えることが示されている。クマムシでも細胞レベルでの乾眠が可能かどうかを検証する必要があるだろう。

宇宙生物科学会議とタコス

図2・35 NASAが主催した宇宙生物科学会議(Astrobiology Science Conference 2006)のようす.

二〇〇六年三月、僕はワシントンDCのロナルド・レーガン・ビルディングにいた。NASA宇宙生物学研究所主催の宇宙生物科学会議（Astrobiology Science Conference）で研究発表をおこないに来たのだ（図2・35）。

本会議には、七百～八百人ほどの参加者が出席していた。宇宙生物学の専門家に知り合いはいないので、当然そこに仲間は誰もいない。研究発表要旨で参加者リストを見たところ、日本から参加しているのは僕ともう一人くらいのようだった。ワシントンDCの街が醸しだす無機質な雰囲気が肥料となり、僕の中の孤独感をすくすくと育てていった。

さて、そもそもなぜ僕がこの超アウェイともいうべき宇宙生物科学会議に参加しようと思ったのか。その理由は、こうだ。

クマムシは極限環境ストレスに強い。地球上に存在しないような超低温や高圧力や放射線量にも耐えられる。つまり、クマムシは地球とは異なる環境があるような他惑星などでも生存できるかもしれない。また、クマムシのような宇宙生命体がいる可能性も推測できる。

このように地球外の生命の存在可能性を探る学問が、宇宙生物学だ。実際に、極限環境微生物と呼ばれる一部の細菌は宇宙生物学上の重要な研究対象となっている。

ただ、宇宙生物学では細菌のような単細胞生物ばかりを研究対象にしており、宇宙に存在する生命体の候補としても、ほとんどの研究者がおもに単細胞生物のようなものをイメージしていたのだ。

クマムシのような高等な多細胞生物を研究している僕からすれば、このことに違和感を覚えずにはいられない。クマムシだって極限環境ストレスに耐えることができるのだから、想定しうる宇宙生命体は高等な生物も含めて考えてもよいはずだ。クマムシの極限環境耐性のメカニズムを探ることで、地球外の極限環境に適応しうる高等生命体の条件も見えてくることだろう。

そのようなことを考えていたある日、偶然にも国際科学雑誌『Nature』に掲載された一つの総説論文に目が留まった。「Life in extreme environments（極限環境の中の生命）」と題されたこの論文には、極限環境に適応した生物の戦略について、宇宙生物学的な視点で記述されていた(Rothschild and Mancinelli, 2001)。

この論文ではクマムシの極限環境耐性についても取り上げられており、僕の大学学部時代の恩師である関邦博教授らによるクマムシの圧力耐性についての研究成果も引用されていた。

この総説論文の主著者は、ＮＡＳＡの研究者であるリン・ロスチャイルド（Lynn Rothschild）博士だった。当時、クマムシに特化した研究内容の論文以外で、クマムシのことが取り上げられることはほとんどなかった。それが、『Nature』というトップ科学ジャーナル上でＮＡＳＡの研究者がクマムシに言及していたことは驚きであり、嬉しくもあった。これは、自分が一生懸命になって推していたアングラ・アイドルが、テレビ番組で特集されたときのような感覚に近い。たぶん。

そして、「ＮＡＳＡがクマムシに興味をもっている。もしかしたら、ＮＡＳＡでクマムシを研究できるんじゃないだろうか」という考えが頭をよぎった。ネットでＮＡＳＡのホームページにアクセスして情報収集をしているうちに、今回の宇宙生物科学会議がワシントンＤＣで開催されることを知り、勢いで参加してしまったのだ。

その場の勢いで何も考えずに行動してしまうところは、僕の長所であり短所でもある。「ＮＡＳＡの連中にクマムシをアピールしてやるぜ！」と意気揚々と学会会場に来たのはよいものの、発表を聞いても日本ではほとんど聞いたことのない分野の話で理解が追いつかなかった。また、予想をしていたとはいえ、僕の発表以外で多細胞生物を扱った研究発表は皆無で、ものすごく場違いな所に来てしまったと感じた。

知り合いもゼロなので、コーヒーブレイクの時間に話し相手もいない。もちろん、英語の壁も厚かった。会議一日目はまったく馴染めずに、憂鬱な気分になりながら会場をあとにし、さびれたメキシコ料理店で一人タコスをかじった。

NASA進出への伏線

いよいよ宇宙生物科学会議での発表の日がやってきた。僕の場合はポスターに印刷された研究成果を発表する形式でおこなう、ポスター発表というものだ。

微生物ばかりの発表の中で一人だけ動物を扱った研究発表をしていたので、ほとんど相手にされないのではないかと予想していた。しかし、実際には、僕のところにはNASA宇宙生物学研究所の幹部も含めて数十人が聞きにきてくれた。しかも、皆とてもフレンドリーに話しかけてくれる。

ほとんどの人はクマムシのことを知らなかったが、興味はもってもらえたように感じた。「もしかしたら社交辞令で皆優しくしてくれているのかもしれない」とも思ったが、それでもよかった。誰も聞きにきてくれずに深い孤独感を味わうような事態にならずにすんだだけでも、十分に救われたからだ。

ところで、宇宙生物科学会議では大学院生の発表を対象としたコンテストが設けられていた。僕も大学院生なので、このコンテストにノミネートされていた。ノミネートされた大学院生は七十名ほどである。発表を聞きにくる参加者の中に審査員が紛れていて、発表内容を審査するのだ。

このコンテストでは審査委員会により一位から三位までが選ばれ、NASAから賞金がでる。一位は一千ドル、二位は七百五十ドル、三位は五百ドルだ。日本の学会では考えられないような額の賞金を、学生が受け取るチャンスがあるのだ。ちなみにこの六年後の二〇一二年におこなわれた同会議では、賞金額が二〇〇六年当時の二倍になっていた。

宇宙生物科学会議に参加する前は「もしかして自分の発表が入賞したらいいなぁ」などと思っていたが、実際に会場で他の大学院生の発表を見ているうちに、そんな期待をもっていた自分が恥ずかしくなっていった。

図2・36　受賞時のようす．著者(左)とNASA宇宙生物学研究所所長(当時)のブルース・ルネガー博士(右)．

ところが、である。発表の翌日に自分のポスターには「Finalist」のシールが貼られているではないか。自分が決勝ラウンドに進出してしまったのである。

これはまったく予想外の出来事だった。最終選考の対象であるファイナリストに選ばれた十名の発表者は、もう一度発表の機会が与えられる。審査員はこれらのファイナリストの発表を再度審査し、決選投票がおこなわれて一位から三位までが選出されるのだ。

ここまできたからには、是が非でも三位以上を狙いたい。そう思い、決勝ラウンドで与えられた時間はテンションを上げながら懸命に発表をおこなった。

そして翌日の会議最終日の朝、NASA宇宙生物学研究所所長のブルース・ルネガー氏からコンテストの結果が発表された。なんと僕は第二位に選出されてしまったのだ。

会場の壇上に登り、所長から賞状を受け取ってからしばらくの間、驚きと緊張で足の震えが止まらなかった（図2・36）。会議初日に失望感を抱えてタコスをかじっていた自分の姿からは考えられないまさかのこの展開に、自分自身が一番驚いていた。

そしてこのときも、あらためてアメリカの科学文化に感銘を受けた。まず、その学問分野でマイナーな研究テーマでも、おもしろいと感じれば受け入れようとする姿勢だ。クマムシは宇宙生物学ではマイナーな研究対象だが、その研究を無視するのではなく、そこに新しさを見出して評価してくれたのだ。流行っているものが評価されるのではなく、今までと違うものが注目される。

次に、コネや国籍はまったく関係ないということだ。僕は宇宙生物学の専門家に誰一人として知り合いがいなかったし、日本からは僕のほかにもう一人くらいしか参加していなかった。僕自身、宇宙生物学の教育を受けたわけでもないし、まったくの門外漢だ。そのうえ、英語もカタコトだ。それでも受賞に値する研究発表だと、審査員たちに思ってもらえたのだろう。

受賞後に会場の外に出ると、知らない人々が笑顔で次々と「Congratulations!」と声をかけてくれた。何らかの栄誉を与った人間に対して、それが何人であっても無条件で祝福する姿勢に感動した。日本の学会などで、よその国から一人でやってきた何のコネもない門外漢の学生に対して、はたしてこのような待遇をしうるだろうか。絶対にないとはいえないが、かなり想像しにくい。日本の学会は、アメリカの学会に比べるときわめて閉鎖的だといわざるをえない。

後日、このときの研究発表内容をまとめて宇宙生物学の国際専門科学雑誌『Astrobiology』に投稿し、ぶじに受理された（Horikawa et al., 2008）。

ところで、会議の開催中には例の『Nature』に極限環境生物の総説論文を書いたロスチャイルド博士にも話しかけ、僕がクマムシの研究をおこなっていることを伝えた。彼女はとても忙しそうだったので、僕の発表内容をまとめたレジュメだけ手渡して別れた。

このときの宇宙生物科学会議への参加と受賞、そしてロスチャイルド博士との出会いが、この二年後に僕がＮＡＳＡエームズ研究所へ移るきっかけとなったのであった。

クマムシのなかまの発見と二度目の居候

二〇〇六年五月、お世話になった農業生物資源研究所のネムリユスリカ研究グループを去り、東京大学大学院理学研究科の細胞生理学研究室に研究の場を移した。博士課程三年のときである。

まだ北海道大学の大学院生なので、当然ながら籍は北海道大学に置いたままだった。学生であるにもかかわらず、本来在籍している研究室から離れて二度も居候先を変えるのは、かなり珍しいことだろう。

さて、なぜ東大に移ることになったのか。その発端は二〇〇五年の秋に遡る。

二〇〇五年一〇月、つくばで日本動物学会年会が開催された。この学会の年会は、動物学を研究する研究者でにぎわう。僕もこの年会の極限環境生物に関する小集会でクマムシの研究について発表をすることになっていた。

年会に先立って送られてきた発表要旨集をペラペラめくっていると、一つの研究発表に目がとまった。

それは、東京大学の國枝武和さんらによるオニクマムシの乾眠についての研究発表だった。

「日本で自分以外にクマムシの耐性について研究している人がいる！」

当時、クマムシを扱っている研究者は数人いたが、クマムシの耐性に絡んだ研究をメインのテーマとして取り組んでいた研究者は、僕以外にはいないものと思っていた。どうやら國枝さんは、東京大学大学院理学系研究科の久保健雄教授の研究室の博士研究員（当時）らしいということがわかった。

学会会場で國枝さんと初対面し、オニクマムシの研究内容についていろいろと話をうかがった。オニクマムシからトレハロース分解酵素の遺伝子を見つけたこと、そして、この遺伝子の活性が乾燥から復活する過程でどのように変化するかを調べたというものだった。

当時、クマムシの乾眠に関わりそうな遺伝子を調べるような研究はほとんどおこなわれていなかった。國枝さんは分子生物学的アプローチでクマムシの乾眠の謎を解き明かそうとする数少ない研究者だったのだ。

とにもかくにも、自分以外でクマムシの耐性の研究をしているなかまを日本国内に見つけ、とても嬉しかった。マニアックな楽器の演奏者が、自分以外に同じ楽器の奏者を見つけたときの喜びに似ているかもしれない。

学会が終わったあとも、僕はたまに東京大学に國枝さんを訪れてクマムシについての議論をした。当時、國枝さんはオニクマムシを飼育していたが、やはり僕と同様にオニクマムシの飼育に手こずっているようすだった。

さらに、國枝さんはほかの研究者からクマムシのゲノム解読プロジェクトの話をもちかけられていた。

クマムシゲノムの解読、つまり、クマムシを極限環境に強い動物のモデル生物とすることで、分子生物学的な研究を発展させることができるというわけだ。

ただし、ゲノム解読をおこなうためには、解析に必要な量のＤＮＡを遺伝的にばらつきのないクマムシから抽出する必要がある。系統化された多数のクマムシを飼育して増やす必要があるのだ。

すでに述べたように、多数のオニクマムシを増やすには、吐血を伴うほどの覚悟が必要である。

仮に吐血をしながらでもオニクマムシを増やしてゲノム解析がおこなえたとしても、その後ずっとオニクマムシを研究材料に用いなければ、ゲノム解析によって得られたデータを活用することができない。つまり、無駄になってしまう。

そのころ、ちょうど僕のヨコヅナクマムシが比較的簡単に飼育できることがわかってきた。國枝さんにそのことを話すと、半信半疑のような反応をしていた。そこで、九十ミリメートルの寒天培地プレートで飼育しているヨコヅナクマムシ五百匹ほどを東大に連れていき見てもらった。

國枝さんの反応は「これはすごい」だった。クマムシがわんさかいるのを実際に見たことで、國枝さんもヨコヅナクマムシがポテンシャルの高いクマムシ種であることを納得してくれたようすだった。

そんなこんなで自然な流れとして、ヨコヅナクマムシを國枝さんに分与することになった。共同研究というかたちでクマムシの研究をおこない、大きなクマムシ研究の潮流を起こせるかもしれない。

そして、思った。せっかくだし、同じ研究室でクマムシを研究した方が研究も早く進むのではないか、と。ダメ元で國枝さんにそのことを伝えて久保教授にもお願いをしてみると、あっさりとＯＫの返事をいただいてしまった。

　こういった経緯で、ネムリユスリカ研究室に次ぐ二つめの居候先として、東京大学の久保研究室にお邪魔することになったのだった。

コラム　真っ白に燃え尽きるのか

　鈴木 忠さんは、著書『クマムシ?! 小さな怪物』（岩波書店）のなかで、極限的ストレスを受けた乾眠クマムシが復活したことを報告した過去の研究結果について「これらの実験結果は、あくまでも「蘇生したかどうか」について見ているだけだ。その後のクマムシが平和に一生をまっとうしたかどうかが大事なのだが、このことはいつも忘れられている。過酷な実験をされたクマムシたちは、蘇生したとしてもそのすぐ後で、『あしたのジョー』のように燃え尽きて倒れるものもいたはずなのだ」（八十頁）と述べている。

　この指摘は、たいへん重要である。乾眠状態のクマムシはきょくたんな環境ストレスをうけたあとも、一滴の水を与えれば復活することが知られている。だが、これらのクマムシは、はたしてまったくダメージをうけていないのだろうか？　いじめられても、ピンピンしているのか。それとも、弱ってしまうのか。

　鈴木さんの指摘のように、これまではほぼすべての実験において、環境ストレス実験のあとにクマムシが蘇生したかどうかしか確認されていない。環境ストレスを受けたあとのクマムシがどれほどの期間生きられるか、あるいは、繁殖能力を維持できるのかについて検証されたことはほとんどなかったのだ。

なぜなのか。それは、クマムシの飼育が困難だったため、ストレス実験のあとにクマムシのようすを長期にわたって観察することができなかったからだ。

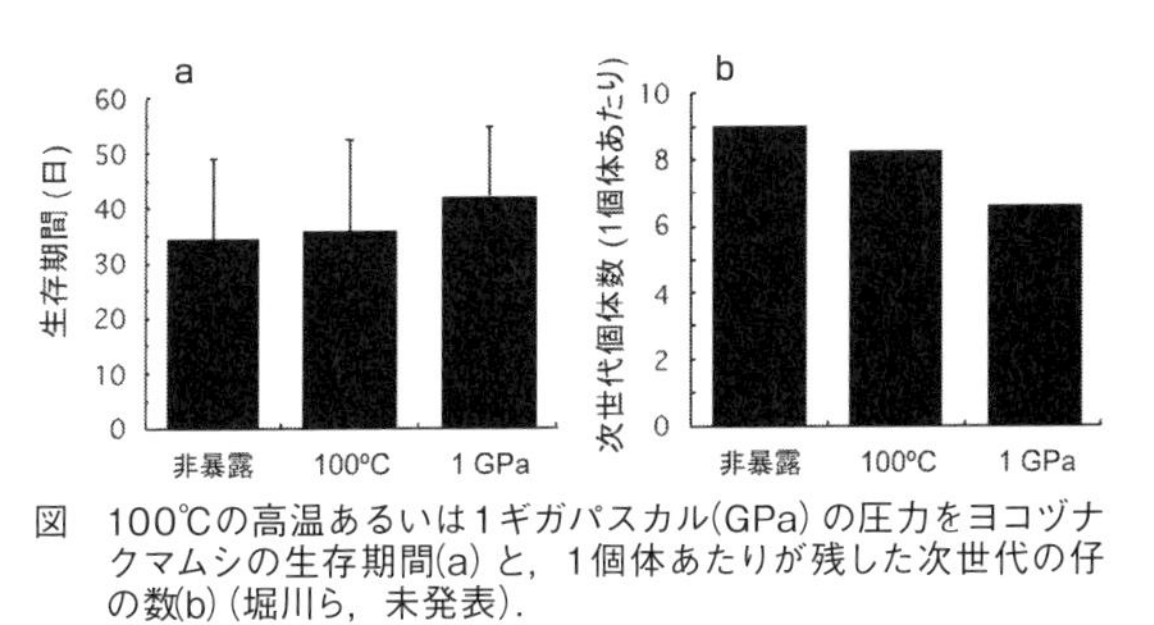

図　100℃の高温あるいは1ギガパスカル(GPa) の圧力をヨコヅナクマムシの生存期間(a) と，1個体あたりが残した次世代の仔の数(b) (堀川ら，未発表).

前述したように、鈴木さんによってオニクマムシの飼育系が確立されたあと、これを利用して放射線を照射されたオニクマムシの生存と繁殖を長期にわたって観察することができたのである。そして高線量の放射線を照射されたオニクマムシが、照射の直後は元気でも、寿命をまっとうできなかったり、子どもを産めなくなったりすることが、明らかになった。

それでは、放射線以外のほかの種類のストレスをうけた場合では、どうだろうか。これを調べるために、僕らはヨコヅナクマムシを高温と高圧にさらし、飼育環境のもとでそのあとの生存と繁殖を観察した。

まず、乾眠に移行させた七日齢のヨコヅナクマムシの幼体を百度の温度あるいは一ギガパスカル（およそ一万気圧）の高圧にさらした。対照区として、何の環境ストレスも与えない同齢のヨコヅナクマムシも用意した。

百度あるいは一ギガパスカルのストレスをうけたヨコヅナクマムシに水をかけると、いずれの場合もほぼすべての個体が復活した。これらのヨコヅナクマムシを継続的に飼育してクマムシが生存しているか、産卵が起きているかを観察した。その結果、百度の温度あるいは一ギガパスカルの圧力にさらされた個体は、なんの環境ストレスもうけなかった個体に比べて、生存期間が短くなることはなかった。さらに、百度あるいは一ギガパスカルのストレスにさらされたいずれの個体も産卵をし、次世代の個体を残した（図）。

このことから、ストレス曝露後の生存期間と繁殖能力を耐性能力の指標とみなした場合、乾眠状態のヨコヅナクマムシは、百度の温度や一ギガパスカルの圧力で処理してもダメージをほとんどうけないといえる。放射線を照射されたオニクマムシの生存期間と繁殖能力が低下したのとは、対照的な結果となった。

ふつう、生物は今回のような高温や高圧で処理すると、タンパク質などの生体物質が変性して機能しなくなる。生命活動を維持することができなくなる。つまり、死ぬ。生体分子は、水分子と結合している場合、熱や高圧によって変性しやすい。乾眠状態のヨコヅナクマムシでは、細胞の中に水がほとんど存在しない。そのため、熱や高圧などの環境ストレスをうけても、細胞を構成する生体物質が変性・損傷せず、生命を保つことができたのだろう。

この実験によって、乾眠クマムシは、通常では生物にとって致死的なレベルの高温や高圧にさらされた場合、その直後に生存できるだけでなく、そのあとも真っ白に燃え尽きることなくピンピンと生き続けることがわかった。このレベルの厳しい温度や圧力にさらされた動物が次の世代に子どもを残したという報告は、これまでになかったものだ。クマムシは私たちに、生命のポテンシャルの高さを教えてくれる。

クマムシゲノムプロジェクト始動

東京大学に異動してからも、僕はヨコヅナクマムシの極限環境耐性の実験を継続していた。また、このときは博士課程三年目だったこともあり、ヨコヅナクマムシの飼育系や生活史、そして環境ストレス耐性の研究成果を博士論文にまとめる作業にも没頭した。二〇〇七年三月、籍を置いている北海道大学でぶじに博士号を取得。はれてクマムシ博士となった。だが、博士号取得のあとで有給の博士研究員になることはできず、無給の研究生、いわゆるオーバードクターとして引き続き東京大学の久保研究室にお世話になることになった。たとえ無給になったとしても、ヨコヅナクマムシの研究を進められるせっかくのチャンスを逃したくなかったのだ。

ということで、研究生になってもヨコヅナクマムシの極限環境耐性の実験をおこなうとともに、このクマムシのゲノム解読プロジェクトを遂行するための実験を進めることにした。

さて、ここではてみじかにクマムシのゲノムを読むことの意義について説明しよう。私たちヒトも含め、生物の遺伝情報はDNAに書き込まれている。DNAにはアデニン（A）、シトシン（C）、グアニン（G）、チミン（T）の四種類の塩基があり、このアルファベットの文字列は塩基配列とよばれる。遺伝情報は、塩基配列の並び方によって決まる。ヒトのDNA上には全部で二万ほどの遺伝子が書き込まれていると考えられている。DNA上の個々の遺伝子からは、いったんメッセンジャーRNAという鋳型を介してから、特定のタンパク質が作られる。このタンパク質はそれ自体が細胞や組織を作る材料であったり、特定の代謝に必要な酵素だったりする。たとえば、髪の毛の主成分であるケラチンや、アルコール摂取により生じるアルデヒドを代謝分解するアセトアルデヒド脱水素酵素も、それぞれ特有の塩基配列をもつ遺伝子から作られるタンパク質である。

遺伝子は英語で「gene」というが、ある生物（細胞）におけるすべての遺伝子の情報をひっくるめたものをゲノム（genome）とよぶ。つまり、ゲノム解析とは、その生物の全遺伝情報を調べて明らかにすることなのだ。これまでに、大腸菌、酵母、ハエ、ヒト、マウス、線虫、シロイヌナズナ、イネなど、生物学研究や産業において重要な生物を中心に、ゲノム解析が完了している。これらの生物の遺伝情報を網羅的に解析しデータベース化することにより、各生物に共通する遺伝子の機能を比較したり、ある生物種が特有な機能を発揮するための遺伝子を見つけることも可能になってきた。

クマムシには、ほかの生物ではみられないような、乾燥や放射線に対して防御機能を発揮するタンパク質が存在するかもしれない。クマムシのゲノム解析をすることで、このようなタンパク質を作る遺伝子が見つかることが期待されるのだ。また、緩歩動物門はどの生物グループと近縁なのかはっきりしていない。クマムシのゲノム解析の結果をほかの生物グループと比較することにより、緩歩動物門の系統的な立ち位置が、より明瞭になることも期待される。

クマムシゲノムプロジェクトを遂行するための足がかりとしてまず考えたのは、ヨコヅナクマムシの標準系統をつくることである。自分が飼育しているヨコヅナクマムシは、もともとは札幌のコケに棲んでいたのを採集したものだ。これらのクマムシたちは、親兄弟や親戚どうしのものもいるだろうし、赤の他人どうしのものも混じっているだろう。つまり、遺伝的に異なるバックグラウンドのクマムシたちをいっしょに飼育していることになる。

全ゲノム解読をおこなううえでは、同じ生物種であっても遺伝変異のバラツキが少ないサンプルを用意する必要がある。また、ゲノム解析でなくても、分子生物学や生理学のような研究において実験結果のバラツキをおさえるためには、やはり同じ遺伝的背景をもつ系統を使った方がよい。

ヨコヅナクマムシはすべてメスで構成されると考えられるため、一匹でも子孫を残すことができる。この子孫を増やしていけば、一つの系統をつくることが可能だ。そこで、合計三十匹のヨコヅナクマムシを一匹ずつ小さな飼育培地に入れて飼育した。そして、その中から子どもをたくさん残す個体を選抜し、数百匹にまで増やした。これを、ヨコヅナクマムシの標準系統とした。この標準系統を「YOKOZUNA-1」と名づけた。

ヨコヅナクマムシは和名なので、国際的な文献にはこの名前は使われない。だが、この標準系統のYOKOZUNA-1は国際的に通用する名前だ。実際に、僕は自分の論文でも学会発表でもYOKOZUNA-1を使用している。もちろん、ほかの研究者も、引用するときにはこの名前を使わなければならない。国際的な研究発表の場で自分がつけた名前を流通させるのも、研究活動の醍醐味の一つである。

標準系統を作ったら、こんどはとにかく増やさなくてはならない。ゲノム解析をおこなうには、ある程度の量のDNAが必要である。だが、クマムシは小さいため、多数のクマムシをまとめて処理しなければ、十分な量のDNAを抽出することができないのだ。

このため、僕はYOKOZUNA-1の飼育にひたすら没頭した。はじめは一匹からスタートしたYOKOZUNA-1だったが、三ヶ月後には一万匹近くにまで増えた。YOKOZUNA-1、つまりヨコヅナクマムシの場合、一枚の飼育培地あたりだいたい五百匹をいっしょにして飼育する。一万匹のヨコヅナクマムシを飼育すると、合計で二十枚の飼育培地が必要になる計算だ。ヨコヅナクマムシを飼育するうえで一番たいへんな作業は、一週間に一度の培地交換である。一週間もすると、餌として培地に入れたクロレラが古くなって培地内の環境が悪化するため、交換しなければクマムシに悪影響がでてしまう。

培地交換の際、クマムシを古い培地から新しい培地に移すのだが、これがけっこう面倒くさい。生クロレラV12のクロレラは、日数が経つとクロレラ細胞どうしがくっついてフィルムのように膜状になる。するとヨコヅナクマムシは爪でこの膜にしっかりとしがみつくため、クマムシを古くなったクロレラからうまく分離することができないのだ。古い培地からクロレラにしがみついているクマムシたちを、例の先端を極細にしたガラスピペットで一匹一匹を丹念に吸い取って新しい培地に移すと、一つの培地を交換するのに一時間ほどかかってしまう。二十枚の培地を交換するだけでも、合計で二十時間かかる計算になる。

はじめはこの方法で培地交換をおこなっていたが、途中からは「炭酸水麻酔法」を使うことにした。これは、前述したワムシを炭酸ガスで麻痺させる方法と原理は同じだ。

まず、古い培地の蓋を開けた状態で、室内で数時間放置する。こうすると培地の表面が少し乾き、クロレラの膜が培地のゲルの表面にくっつく。その後、よく冷えた炭酸水を培地に投入。こうすることで、ヨコヅナクマムシが麻痺し、しがみついていたクロレラ膜から肢を離す。こうなれば、しめたもの。培地のシャーレを回すように動かすと、炭酸水の中でクマムシがふわふわと集まってくる。こうして多数のクマムシを一度に回収することができる（図2・37）。この方法によって、飼育培地一枚あたりの交換にかかる時間は、一時間から二十分に短縮することができた。

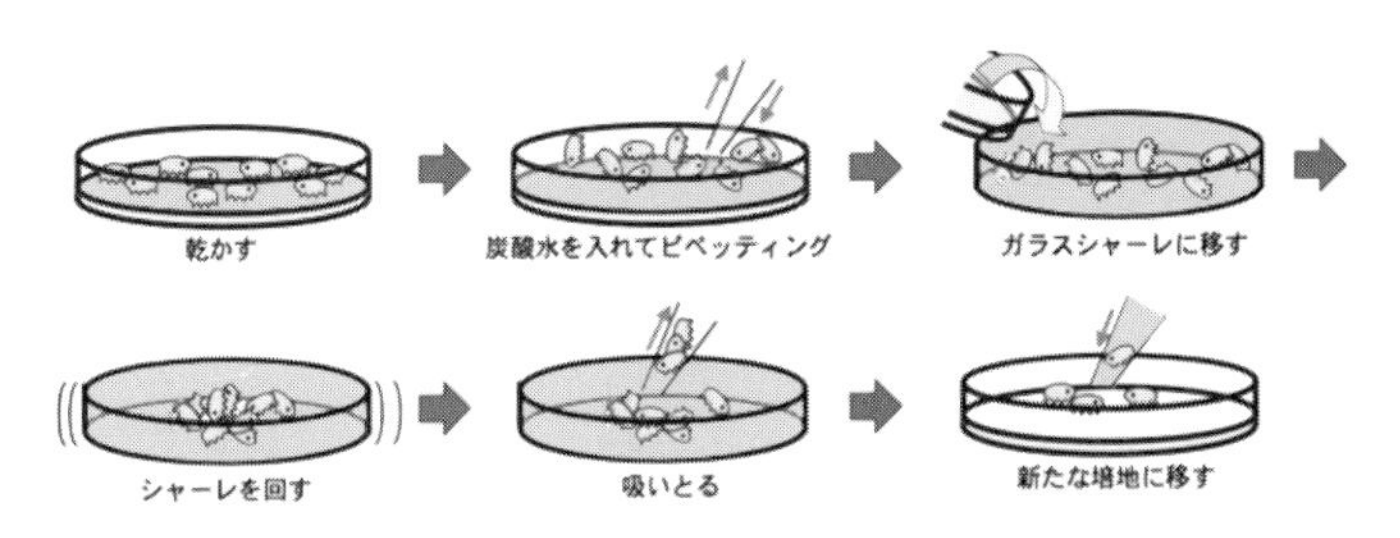

図2・37　炭酸水を使用したヨコヅナクマムシの培地交換法．クマムシが完全に乾かない程度に培地を乾燥させて，クロレラを寒天培地の表面に密着させる．そこによく冷えた炭酸水を流し込んでピペットで水流を起こし，炭酸水で麻痺したクマムシを遊離させる．遊離したクマムシを炭酸水といっしょにガラスシャーレに移したあと，シャーレを回して中心にクマムシを集める．クマムシを新しい寒天培地に移す．

常に一万匹近くのYOKOZUNA-1を飼育しつつ、それ以上に増えた分のクマムシについては乾眠にして保存していった。将来のゲノム解析に使うためのサンプルだ。飼育は順調に進み、ゲノム解析のためのめども立ってきた…ようにみえた。

順調に増えていたヨコヅナクマムシ（YOKOZUNA-1）だったが、秋頃から急に数が減り始めてきた。最初は、クロレラの質の低下によるものだと思っていたが、フレッシュなクロレラを与えても、事態はいっこうに解決しない。悪さをするなんらかの微生物に感染したことも疑った。

継続的に飼育培地の中のヨコヅナクマムシをよく観察してみると、産み落とされた卵がまったく孵化しないことが判明した。だから、クマムシの数がまったく増えずに減り続けていたのである。

しばらくしてから、僕たちはあることに気がついた。

ヨコヅナクマムシの飼育培地はエアコンで温度を調節した飼育室とよばれる一室に置いていた。この部屋の温度はエアコンによって二十二度で一定になるように調節されている。だが、実際の部屋の中の温度を測ったところ、十八度しかなかった。飼育温度が下がったことで、卵が孵化しなくなってしまったのではないか。そう推測し、飼育培地を飼育室から、より精密に温度を一定に保つことのできる恒温器に移した。

恒温器内にて二十二度で飼育を再開してから数週間が経過すると、ヨコヅナクマムシの卵はふたたび孵化するようになった。やはり、卵が孵化しなくなった原因は、飼育温度の低下によるものだった。

それにしても、これはよく考えたら不思議なことである。ヨコヅナクマムシが実際に暮らしている札幌では、一年のうち、二十度に達するのは、せいぜい六月から九月までの間である。冬の間は雪に覆われて活動できなくなるとしても、春や秋の気温はほぼずっと二十度未満のはずだ。このような生息環境に由来するヨコヅナクマムシが、人工的に十八度で飼育を続けると孵化しなくなるのは、いまだに不思議に思う。

なにはともあれ、最終的には二万匹ほどのヨコヅナクマムシをストックし、その後の全ゲノム解析につなげるサンプルとして活用した。このヨコヅナクマムシの標準系統YOKOZUNA-1を用いたクマムシゲノムプロジェクトは、のちに科研費がついて正式な研究プロジェクトとなった。このプロジェクトには、國枝さんをはじめ、僕がクマムシの研究を志した大学四年生のときにみつけたウェブサイト『クマムシゲノムプロジェクト』の開設者でこのとき東京大学助教の片山俊明さんもメンバーとして加わった。さらには慶應義塾大学助教の荒川和晴さん、理化学研究所上級研究員の豊田 敦さんと技官の会津智幸さん、国立情報学研究所の藤山秋佐夫さんもクマムシゲノムプロジェクトの協力研究者になった。

二〇一五年四月時点、ヨコヅナクマムシの全ゲノム解析はほぼ終了しており、今後はこのゲノムの情報やこのゲノムデータベースを活用した研究成果が続々と発表される予定だ。

コラム　乾眠クマムシの記憶

記憶は時間とともに薄れ、忘れていく。乾眠クマムシを見ていると、記憶についてふと疑問に思うことがある。

生体反応の場となる水を欠いた乾眠状態のクマムシは、代謝が止まっている。ということは、乾眠クマムシは記憶を半永久的に保持しているのではないだろうか。乾眠状態で何ヶ月も何年もすごしたあと、水を吸って復活したクマムシが乾く前の記憶をもっているとしたら、すごくロマンチックだ。

記憶の実体が何らかの分子だったり、神経細胞のシナプス間構造変化の産物であるのなら、乾燥したクマムシの脳に書き込まれた記憶がずっと保存されていても不思議ではない。乾眠クマムシに記憶が保存されていることが証明されれば、将来、ヒトの記憶を乾燥した神経細胞に保存しておく技術の開発にも繋がるかもしれない。

ただし、乾眠クマムシが記憶を保持しているかどうかを実験で確かめるのは難しい。そのためには、まず、クマムシに何らかの学習をさせなければならない。学習をさせたクマムシを乾眠にし、復活させてから、この学習の記憶がクマムシが読みだせるかを確かめる必要がある。ここで念のために学習という用語の定義を述べると、ある経験をしたあとに別の行動を示すようになることだ。

「パブロフの犬」の実験がわかりやすい例だろう。餌を与えるとイヌはヨダレを垂らす。そして、餌を与えるときにベルの音を聞かせること（条件付け）を繰り返すと、イヌは餌がなくてもベルの音を聞いただけでヨ

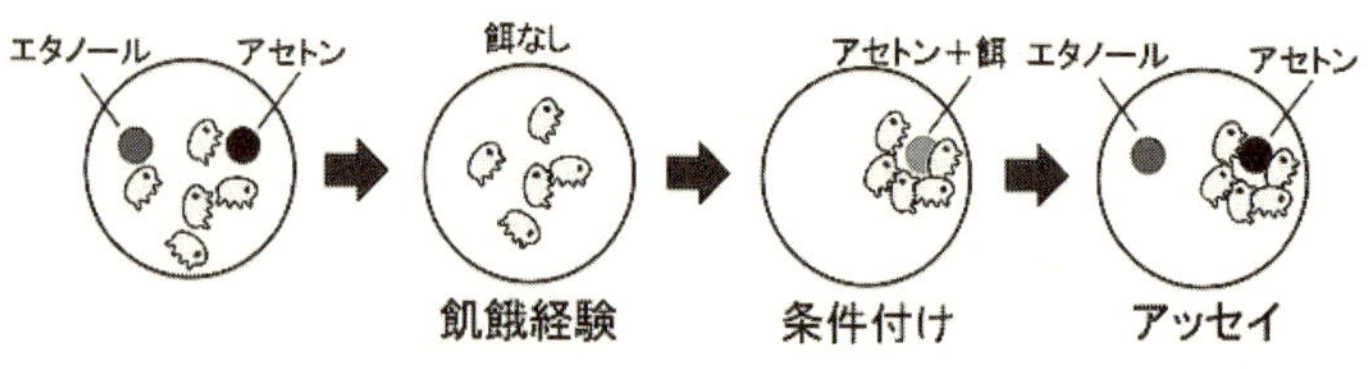

図　ある研究者によって報告されたクマムシの連合学習．ドゥジャルダンヤマクマムシはアセトンに対する走性はない．だが，飢餓を経験させてからアセトンと餌をいっしょに与えて条件付けをすると，餌がなくてもアセトンに集まるようになったという．

ダレをだらだらと垂らすようになる。このように、ある条件付けにより新しい学習行動が見られることを連合学習という。

線虫*Caenorhabditis elegans*では、塩化ナトリウムNaClに向かっていく正の走性があることが確かめられている(Saeki et al., 2001)。この誘引刺激と同時に絶食条件を組み合わせると、*C. elegans*はNaClから遠ざかるようになる。連合学習が起きた結果だ。

クマムシでは連合学習の報告がなされていなかった。そこで僕は、*C. elegans*の実験系を参考にし、ヨコヅナクマムシがNaClに誘引されるかを試した。だが、結果はうまくいかなかった。*C. elegans*は電流刺激に対しても誘引行動がみられる(Manière et al., 2011)ので、これもヨコヅナクマムシに試したが、失敗に終わった。

どのような刺激に誘引するのかをもっと検証してみたかったが、この研究は僕のメインテーマではなかったため、泣くなくそのまま止めてしまった。そこからしばらく時がすぎた二〇一三年、驚くべき研究論文が発表された。乾眠クマムシが記憶を保持することを確かめた、という内容の論文だった。

この研究では、誘引刺激のないアセトンと、餌であり誘引刺激をもつ藻類を同時に置いてドゥジャルダンヤマクマムシ*Hypsibius dujardini*に条件付けをしていた。ドゥジャルダンヤマクマムシはアセトンに集まるような習性はない。ところが、飢餓を経験させてから藻類とアセトンを混ぜて与えて条件付けをすると、餌がなくてもアセトンのみに集まるように学習したという（図）。パブロフの犬の実験で、ベルの音に相当する刺激がアセトンということだ。

条件付けを七回繰り返して連合学習をさせた個体は、乾眠状態に移行したあと、吸水して復活したあともアセトンのみの刺激に誘引された。乾眠後も学習記憶を保持していたというわけだ。自分が解明したかったことを、この研究者に先にやられてしまい、悔しかった。

だが、この論文には、多くの疑問点があった。

論文には、ドゥジャルダンヤマクマムシが餌である藻類に誘引されて向かっていくという記述がある。だが、僕が観察してきたかぎりでは、ドゥジャルダンヤマクマムシは、藻類に向かっていく習性はない。基本的にクマムシは、離れた場所にある餌を感知できず、近づいていくことはないのだ。また、これも、僕の経験上言えることだが、ドゥジャルダンヤマクマムシは乾燥にあまり強くない。この種類をうまく乾眠状態に移行させるには、とてもゆっくりと乾燥させなければならない。ところが、この乾燥方法に関する論文の記述は曖昧であり、著者がはぐらかしているような印象を受けた。

さらには、論文中のデータから、実験をおこなった回数は一千以上におよんでいることがわかる。一回の実験につき、データを取るのに平均で丸一日間かかるため、実験を一千回おこなうには、のべ一千日間の時間が必要になる。論文の著者は一人しかおらず、これだけの実験を本当に一人で遂行したのかどうか、疑問が残る。正直な話、この論文は作り話の類いのように感じていた。

そしてこの発表から一年が経過したころ、この論文は取り下げられてしまった。この論文を書いた著者は、データを記録した実験ノートも何も残していなかったため、捏造をおこなった可能性が高いということだった。

論文が撤回されたことで、乾眠クマムシが記憶を保持するかどうかは、謎のままとなった。はたして、クマムシは乾く前の記憶をもち続けるのだろうか。いずれ、これを確かめる実験も再開したいところだ。

第3章

クマムシとＮＡＳＡへ

学振の生殺し

東京大学本郷キャンパスの銀杏が鮮やかな黄金色に輝きはじめた二〇〇七年十月。博士号を取得してから、すでに半年がすぎていた。

この間、東京大学の久保研究室に居候をさせてもらいながら、國枝さんらといっしょにクマムシの研究を続けていた。たまによその大学で非常勤講師として講義をして小銭を稼いだりもしたが、基本的には無給の研究員という立場で研究活動をしていた。無給の状態から脱却すべく、職を得るべく大学や研究所から出された研究職の公募にできるかぎり応募してきた。応募をしたポジションは、ポスドクや助教、そして技術職員にまでおよんだ。だが、必死の就職活動もむなしく、結果は十戦全敗だった。一つをのぞき、すべて書類第一次選考で不採用となっていた。

だが、淡い希望が残っていた。本命の学振ＰＤの発表が、まだ残されていたのだ。

学振ＰＤとは学術振興会特別研究員ＰＤのことをさす。博士号取得者が生活費と研究費をもらいながら、自分が希望する受け入れ研究室で三年間にわたって研究活動をできるフェローシップ制度である。学振ＰＤには、日本国内の研究室に所属する国内学振ＰＤと、海外の研究室で研究活動をおこなう海外学振ＰＤがある。海外学振ＰＤの任期は二年間だ。学振ＰＤはアカデミアで研究者になるための登竜門でもあり、このフェローシップを取得後にアカデミアキャリアパスを順調に歩む研究者は多い。

だが、学振ＰＤの採用率は例年十パーセント前後であり、とても狭き門である。業績もあまりない自分がこの難関を突破できるかどうか、ほとんど自信がなかった。だが、ことごとく就職活動に失敗しているこの状況のなか、学振が通らなければ有給で研究を続けることは難しくなってしまう。期待せずにはいられなかった。

ほかにもＮＡＳＡのフェローシップに応募したが、こちらの結果もまだでていなかった。ワシントンＤＣで開かれた宇宙生物科学会議で知り合ったＮＡＳＡのリン・ロスチャイルドさんに、僕が電子メールで「ＮＡＳＡで研究がしてみたい」と伝えたところ、このフェローシップを勧められて応募したのだ。だが、こちらは格段に厳しい国際的な競争なので、すでに諦めていた。

そして、運命の日がやってきた。十月三〇日、学振事務局から選考結果の封筒が送られてきた。結果は「書類一次審査通過」。面接による二次審査のあとに、採用されるかどうかが決まる。学振ＰＤの場合、面接免除で採用が決まるケースの方が圧倒的に多い。すんなりと面接免除で採用になっていれば…とも思ったが、ビッグチャンスをもらったことにまちがいはない。実際に、同じ研究室で学振ＰＤに申請したメンバーの中で一次審査を通過したのは、僕だけだった。贅沢は言っていられない。

一ヶ月後におこなわれる面接では、大学教官らで構成される審査員の前で四分間のプレゼンテーションをしなくてはならない。急いでプレゼンテーション資料のポスターを作り、当日話す内容を原稿に書きだした。國枝さんや久保さんをはじめとした研究室の方々や、古巣の北海道大学まで行って恩師の東さんにもプレゼンテーションの予行練習を見てもらい、アドバイスをいただいた。

アドバイスを基に修正した原稿を何度も読み上げて練習をして、本番に備えた。今思い出してみても、このときほどプレゼンテーションの練習に時間を費やしたことはない。それほど、この面接に懸ける想いが強かったのだ。

そして、あっという間に本番の日がやってきた。二十九歳になってもいまだに着慣れないスーツを身にまとい、面接会場である四谷の弘済会館に向かった。待合室には、やはりスーツを着慣れてなさそうなポスドクや大学院生が、緊張と疲労の色を顔に浮かべながら、自分の番を無言で待っていた。

そして、いよいよ本番。部屋に入ると、五人の審査員たちと目が合った。「おまえの運命は俺たちが握っているんだぞ」といわんばかりの不敵な笑みを浮かべながら、審査員たちは椅子にどっかりと座っていた。

プレゼンテーションは、練習のかいあってか、ぶじに終えることができた。だが、安心してはならない。ここから、審査員たちの容赦ない質問が飛んでくる。投げかけられる質問に何とかうまく対処していき、面接終了時間が近づいてきた。そして、ある審査員が最後に一つの質問をした。

「それやって、何か意味あんの？」

この質問で若干エキサイトしてしまい、少し強いトーンで僕は審査員に言い返した。

「ご存知ないかもしれませんが、このクマムシは宇宙生物学の観点からとても重要なんですよ！」

それでも「意味がない」と繰り返す審査員と、押し問答のような状況になってしまった。最後は、その審査員から「もういい！」と言われ、部屋を退出した。退出する際、ほかの審査員からは「元気がいいね～」と声をかけられた。

ちょっとやりすぎたかもしれない。面接で自分のとった態度を思い出しながら、若干の後悔の念を抱きつつ、重い気分になりながら帰宅した。

クリスマスシーズンが到来し街中が無意味にハイになるなか、学振から面接二次審査の結果が届いた。「補欠」。最終結果は翌年の二月中旬に判明するらしい。これは、天国と地獄の狭間で宙ぶらりんにされた状態が、あと二ヶ月近くも続くことを意味していた。生殺しもいいところである。

周囲の人に話を聞くと、補欠になった人のほとんどは最終的に採用されるとのことだった。学振の事業は、文部科学省が管轄している。文科省の次年度予算のうちの一部の使い道がこの時点でまだ確定しておらず、念のために採用予定者を補欠として扱うという噂も聞いた。かなりの高確率で、学振PDになれるかもしれない。淡い願望が、現実味をおびてきた。

とはいえ、やはり気分はすっきりしない。どうにもならないやきもきした気持ちのまま、年を越した。

九回の裏ツーアウトからの逆転サヨナラ

年末からずっと上の空の精神状態で長いながい一日一日をやりすごし、ようやく二月も中旬にさしかかった。毎日のように大学の郵便受けをチェックしたある日、その封筒はようやく届いた。

今回こそ、最終結果がわかる。研究室で封筒を開き、手紙に目をやる。

「不採用」

信じたくない文字の羅列が、目に飛び込んできた。

「ダメだった」。呆然とする自分。研究室にいたメンバーたちも、どう慰めてよいかわからなかったのだろう。自分に声をかける人は、誰もいなかった。そんな風に気遣いさせていることじたいに、申し訳なく感じた。

「どうせ不採用なら不採用で、最初から落としてくれればよかったのに。ずっと生殺し状態で引っ張っておいて、最後に死刑宣告か…」

学振PDに落ちた。ポスドクにすら、なれない自分。周りに目を向ければ、何の苦労もしているように見えずに学振をとっているようにみえる優秀な同世代の研究者がいる。そして、自分よりも業績が少ないのに、ポスドクのポジションを得ている人もたくさんいる。彼らはえてして、受けのよい研究テーマを選んでいた。そのようなテーマの研究プロジェクトには、国からの研究予算がつきやすい。その予算で、ポスドクを雇うことができるのだ。

クマムシのようにマイナーで研究予算のつきにくい研究テーマを選んだ時点で、こういう結果になることは運命づけられていたのかもしれない。いや、もっといえば、自分は研究者には向いていなかったのではないだろうか。実力であれ、運であれ、お金をもらうプロの研究者になれないのであれば、そういうことなのだろう。結果がすべてだ。そんなことを考えていた。

だが、研究の道を歩むことを止めるとして、ほかに何をしたらよいのか見当もつかなかった。学部四年生から七年間続けてきた、クマムシの研究。二十代の大部分を捧げてきたこの活動以外に、自分にできることなんて、はたしてあるのだろうか。

そんなまとまりのないことを考えながら、悶々とした状態で一週間が経過した。そこに、一通の電子メールが届いた。応募していたNASAのフェローシップ事務局からのものだった。

書き出しに「Congratulations!」とあった。電子メールの本文を注意深く読んでみた。どうやら、NASAのフェローシップに自分が採用されたようだ。唯一の海外への応募、それも一番厳しいと思っていたNASAのフェローシップ。九回裏ツーアウトの場面、相手チームの絶対的守護神のピッチャーから放った、サヨナラホームランだ。全身に鳥肌がたった。

採用されるとは、まったく予想できなかった。周囲もみな、たいそう驚いていた。なにせ、学振PDをはじめ、国内のほかのポジションのすべてで不採用となっていたのだから。

だが、言い換えれば、これは日本とアメリカの研究観の違いが現れているのかもしれない。日本では、すでに確立されて認知度の高い研究分野が支援され、マイナーな研究分野にはあまり目が向けられることはない。その一方で、アメリカでは、マイナーなジャンルであってもおもしろそうなものには投資をする。アメリカは、懐が大きい。ワシントンDCの宇宙生物科学会議で経験して抱いたのと、まったく同じような印象をもった。

国立大学大学院でおこなわれる研究活動や教育には、日本の税金が投入されている。僕も、日本の税金の恩恵をずいぶんと受けてきた。だが、日本国内には自分の受け皿がない。自分の能力を還元する場は、国内ではなく海外だ。そう考えると、少し釈然としないものも心に残った。

だが、とにもかくにも、お金をもらいながら研究を続けられることになったのだ。それも、場所は科学大国のアメリカ。しかも、あのNASAである。これは、すなおに嬉しかった。一週間前は僕に気をつかって目を合わせないようにしていた研究室のなかまたちも、皆笑顔でお祝いの言葉をかけてくれた。大きな期待と不安を胸に、片道切符を手に、アメリカへ旅立った。二〇〇八年の六月のことである。

コラム　アカデミアで研究者になるには

大学や独立行政法人などの公的な研究機関でプロの研究者になるには、原則として博士号を取得する必要がある。大学での博士のポジションは、ヒエラルキーの高い順に、(一)教授、(二)准教授、(三)講師、(四)助教、(五)ポスドク、(六)非常勤講師、(七)オーバードクターのように分類される(このほかに「特任〜」という名の任期付ポジションもある)。

博士号取得後のキャリアの過程は、この序列の下の方から上に登っていくことになるわけだ。将棋にたとえるなら、(一)玉将、(二)飛車・角、(三)金、(四)銀、(五)桂馬、(六)香車、(七)歩といったところだろうか。

独立行政法人系の研究機関では、ポスドクより上は異なる肩書きとなる(主任研究員、グループリーダー、ユニット長など)。

この中で「アカデミックポスト」というのは暗黙の了解で(四)助教から(一)教授をさす。博士号を取得後、まずは一〜三年程度の任期付の博士研究員であるポスドクになるのが通常だ。大学院生時代によい論文をたくさん発表した優秀な人や、強力なコネクションのある人であれば、博士号取得後すぐに助教になれる場合もある。だが、これはとても稀な例だ。

博士号を取得してもポスドクの職を得られないこともある。この場合、収入はないが研究活動に従事するオーバードクターや、アルバイトで大学講義をおこなう非常勤講師になる場合がほとんどである。

オーバードクターは収入がゼロなので経済的にはかなりきついし、非常勤講師も時給は良いものの講義の準備などで時間がとられて十分な研究活動がしづらい。

博士号取得後にポスドクを得られれば、とりあえずアカデミックキャリアの入口としては成功だ。そう、入口としては。

ポスドクからアカデミックポストである助教の職に就くのが、えらく難しい。一九九〇年代に政府によって進められた大学院重点化政策で大学院生数と博士号取得者数が増加。そして「ポスドク一万人計画」のもとに大量のポスドクが誕生した。今もポスドクの数は年々増え続けており、二〇〇九年時点では一万七千人に到達した。このように多数のポスドクがいることで、アカデミックポストをめぐる競争が激化したのである。

アカデミックポストを得るのが難しくなっている原因は、ポスドクの増加だけではない。少子化の流れで大学の入学定員を絞る過程で、公募に出るポストの数も減少しているからだ。

さらに、最近では助教をはじめとしたアカデミックポストの多くは、任期制である。以前は、大学教員などのポストは基本的に任期なしの終身雇用がほとんどだったが、現在では三〜五年間の任期付での採用パターンが増えているのだ。とりわけ「特任助教」や「特定助教」といった名の助教は、もはやポスドクと同じようなものである。いったん就職しても、またすぐに次のポストを探さなくてはならない。大学に安住することは、年々、難しくなってきている。

コラム　余剰博士問題について

「余剰博士問題」、あるいは「ポスドク問題」とは、大学院重点化のもとにポスドク一万人計画が実行された結果として、国内に大量の博士が生み出され、供給過剰になっている状態を指したものだ。高学歴の人間がなかなか職にありつけないという状況がわりとセンセーショナルに受け取られやすいためか、この問題はしばしばマスコミで取り上げられる。

博士号を取ると、多くの人はポスドクになる。ポスドクは数年間の任期付の研究員であり、終身雇用のポジションを取得することをめざして研究活動をおこなっている。

しかし、博士が供給過剰になっている現在では、大学の助教などのポジションを得るのはたいへん難しく、ポスドク先を転々としながらいつ首が切られるかわからない生活を余儀なくされている博士が多くなっている。非常勤講師やオーバードクターのように、収入が比較的少なく、より不安定な身分にいる博士も多い。この当事者の博士のなかには、余剰博士を救済するために政府が積極的に介入すべきだ、つまり、セーフティネットを設けるべきだと声を上げる人がいる。

政府の政策が余剰博士を生み出した要因であるので、これを救済するのは政府の責任だということ、そして、博士を育てるためには税金が使われており、その税金で育てた博士を活用できないことは税金を無駄にすることだ、という論理である。たしかに政府の政策にも、この状況をつくった一因がある。国が税金を投入して育成した博士を、社会が活用しきれていないのもまちがいないだろう。だが、ちょっと待て、と言いたい。

私たち博士は、博士号を取得する過程において知的訓練を積むことで、世の中の真偽を見分けたり未来を分析する力が養われる。言い換えれば「生きるための力」が身につく。これは、国民からの税金によるサポートによって身につけた能力だ。この事実に、私たちはおおいに感謝すべきである。

それにもかかわらず政府や世の中に対してさらなる援助を求める博士たちに対して、僕は大きな違和感を覚える。高等教育を受け、生きる力が人一倍高い博士であれば、その頭脳を使って生きていくための道を切り開いてしかるべきだからだ。

私見だが、救済措置を求める博士たちには、自分たちが「特別な存在」であるという認識が強いように思う。

昔は「末は博士か大臣か」と言われるほどに、博士は社会的地位の高い身分という認識があった。現在ではもちろんそんなことはないが、博士という響きは、いまだにどこかこのような「特別な身分」の余韻を残す。博士のなかには、小さいころから「神童」などと呼ばれ、学校での成績が常にトップクラスだった者も多いだろう。そのような履歴をもつ人間が壁にぶつかったとき、自分自身に対してではなく、社会や国に責任を転嫁していることも、この問題の本質を成しているように思う。

僕の中では、余剰博士問題やポスドク問題など存在しない。問題かどうかと思うのは、個々人の姿勢によって変わるものだからだ。自分のことを社会に振り回されるだけの存在ととらえるのか、逆に社会を振り回そうととらえるか。自分たちの権益を守るためにエネルギーを投資するよりも、自分たちで社会に新しい価値を作り、何らかのかたちで世の中に貢献する方がよほど建設的だと、僕は思う。それが、国のサポートによって高等教育を受けてきた博士の、本来の立場ではないだろうか。

僕も含めて博士は、このようなマインドセットをもった方がよいと思う。ただし、別の観点からみれば、優秀な若手の博士がアカデミアで冷や飯を食べさせられているのも事実である。本来であれば、自分の研究室をもち、世界の第一線で重要な研究成果をだし続けられるような博士が、いつ首を切られるかわからないような状況でポスドクを続けている場合がある。その一方で、研究成果を何年もだしていないにもかかわらず、安定なポジションにあぐらをかいているような教授もいる。

とある巨大アカデミア組織から最近発表された「ポスドクの雇用と研究者育成」という提言のなかでも、民間企業によるポスドクの積極的な活用が叫ばれていた。だが、アカデミアのお偉方が本当に若手博士のことを憂慮するのであれば、まずすべきことは研究能力のない教授らを優秀な若手博士たちで置き換えることだ。まったく関係のない民間企業に働きかけるよりも、身内の世界を変えた方が早いだろう。

体力の限界を悟ったアスリートのように、知的アウトプットができなくなった研究者も引き際を自分で決断するようになれば、余剰博士問題は大きく解消し、日本のアカデミアは活性化するだろう。

新天地2

これから新天地に行くことについて、期待よりも不安の方がはるかに大きかった。はたして、一人でアメリカでやっていけるのだろうか、研究生活をおくれるのだろうか。もっとも大きな不安材料は、やはり自分の英語力のなさだった。日本で生まれ育ったポスドクの多くがそうであるように、僕も英語の読み書きはそこそこできるのだが、英会話には自信がなかった。コミュニケーションができるかどうかは、その地域社会にとけ込むためのもっとも大きな鍵となる。考えれば考えるほど、不安になった。

そんな不安を頭の中で反芻し続けること十時間、機体はサンフランシスコ国際空港に降り立った。NASAエームズ研究所は、サンフランシスコから五十キロメートルほど南下したモフェットフィールドという場所にある。サンフランシスコ国際空港から電車を乗り継いで一時間強をかけ、NASAエームズ研究所の最寄り駅であるマウンテンビュー駅に到着した。

マウンテンビューは、いわゆるシリコンバレーの中心的な場所に位置する街である。あのGoogleの本社もここにある。マウンテンビュー駅を降りると、すぐに街のメインストリートであるカストロ・ストリートに出ることができた。ストリートの両脇には小綺麗なアジア系のレストランが並んでいる。人はあまりおらず、とても落ち着いた雰囲気だ。澄んだ空気と強い日差しのせいなのか、あるいはただの錯覚なのか、街の風景がひじょうにクリアに目に映る。まるで、きめの細かい映画館のスクリーンを見ているように。

「今日からここが自分の暮らす場所か。悪くないな」。そう思った。

そしてカストロストリート沿いにあるカフェに入り、ちょっと遅い昼食をとることにした。だがこのカフェで、僕の抱える不安がさらに増大することになる。

レジカウンターのそばのショーケースに並べられたサンドウィッチを指差して注文した。「I would like

sandwiches」と。だが、女性店員は僕の言ったことを理解できなかった。僕が発音する「Sandwiches」が聞き取れなかったのだ。彼女の目の前にあるサンドウィッチを指して喋っているにもかかわらず、こちらの英語が理解されない。これには軽くショックを受けた。何度かこの単語をリピートして訴え、ようやく注文ができた。「カフェでサンドウィッチすらスムーズに注文ができないなんて」。この先がたいへん思いやられた。

その後、タクシーを拾ってNASAエームズ研究所に向かった。タクシー運転手は長い白髭をたくわえ、頭をターバンでぐるぐる巻きにしている。どうやらインド人らしい。この街は、人種的にも文化的にもさまざまなバックグラウンドをもつ人々で構成されているのだ。

NASAエームズ研究所の入口には警察官が待機していた。どうやら、ここには二十四時間態勢で常駐しているようだ。何とか事情を説明したあと、入口に併設されているセキュリティポイントに向かった。ここで顔の写真を撮影し、両手の全十本の指の指紋がとられる。仮の入所許可証が発行され、敷地内に入ることが許された。

だが、僕が研究活動をすることになる建物には、まだアクセスできない。多くの研究施設は、敷地内でさらに柵に囲まれたエリアの中にあるのだ。つまり、NASAエームズ研究所は、漫画『進撃の巨人』(諫山創 作/講談社)に出てくるような、壁で数重に囲まれた街のようになっている。

この内側のエリアは、たった今発行してもらった仮入所許可証だけでは入れない。NASAの正規身分証明証をもつ誰かが同伴してはじめて入れるのである。到着したのは夕方すぎだったため、僕が所属することになる研究室のメンバーはすでに帰っていた。この日はアクセス可能な敷地内にあるゲストハウスに泊まり、次の日を迎えることにした。

図３・１　広大な敷地をもつNASAエームズ研究所（撮影：奥山輝大）.

次の日の朝、研究室に電話をして、技官のダナ（Dana）にゲートの入口まで来てもらった。エスコートを受け、ようやく内側の敷地内に入ることができた（図３・１）。N２３９と名づけられた建物は、宇宙生物学の研究室が集まっている。建物の一階には、宇宙生物学の父とよばれるハロルド・P・クラインをたたえるコーナーが展示されている（図３・２）。建物の中はやや古く、ハイテクなNASAのイメージとは若干かけ離れていた。

リン・ロスチャイルド博士（図３・３）の研究室のメンバーは技官のダナ、僕と同じNASAポスドクフェローのステファン（Stefan）、大学院生のジョン（John）、そして僕。ボスも含めて五人の小ぢんまりとした研究室だ。出勤初日の僕に、メンバーの皆が話しかけてくる。だが、イマイチ何を言っているのかわからず、返答に詰まる。

昼は僕の歓迎会ということで、マウンテンビューのカストロストリート沿いのピザ屋に行くことになった。出かける際、姉御肌のダナが「Come on, my boys!（おいで、アタシの坊やたち）」と言ってみんなを集めた。日本で生活していたら、まず耳にしないであろうフレーズである。

「ここのピザはすごくおいしいんだから！」

みんながそう評価するピザは、パイナップルが乗っていてやたら生地が厚かった。正直、ここ数年間で

図3・2　N239内に飾られている宇宙生物学の父ことハロルド・P・クライン博士の写真.

図3・3　リン・ロスチャイルドさん.

図3・4　ピザ屋にて．ジョン（上段左），ダナ（下段左），エリック（下段中央），ステファン（下段右）.

もっとも美味しくないピザだったが「Good」と嘘をつきながら食べた。「アメリカに馴れなければ」。食欲のすすまないピザを噛みしめながら、ただそれだけを考えていた（図3・4）。

コラム　アメリカでの宿探し

アメリカに来てもっとも苦労したことの一つが、下宿先探しだ。マウンテンビューを含めたシリコンバレーのエリアは、家賃の高さが全米でも屈指のレベルである。二〇〇八年当時、一ベッドルームの部屋で一千五百ドル、ワンルームでも一千二百ドルほどの家賃が相場だった。それだけ富裕層が多いエリアなのだが、当然ながら皆が皆お金持ちではない。そのような人たちは、ちょっと広めの物件をシェアをすることで家賃を低く抑える。最近では日本でも普及しつつあるルームシェアだが、これはアメリカではなんら特別なことではなく、学生でも社会人でもふつうにおこなっている。

僕の場合も最初からルームシェアを考えていた。自分を受け入れてくれるルームメイトを探すため、「Craigslist」というウェブサイトを利用した（図）。

中古車の売買、野球チームのメンバー募集、求人募集、恋人募集、はたまたＳＭプレイのパートナー募集まで、Craigslistは何でもありの掲示板が集合した巨大なウェブサイトである。

ここのルームメイト募集の掲示板を見て、何人にもメッセージを送ってみた。九割方は返事が帰ってこな

図　「Craigslist」のウェブサイト．地域別にさまざまなトピックの掲示板がある．http://sfbay.craigslist.org

かったが、何人かからは部屋を見に来てもいいというメッセージをもらった。

そのうちの一人の家を訪問した。その家の主は、大学に勤める生化学者が専門の研究者。日本にいるときに知り合いの生化学者は華奢でおとなしい感じの人が多かったので、なんとなくそのような人物像をイメージしていた。だが、マウンテンビューの隣町パロアルトにあるその家から実際に出てきたのは、大柄な中年男性だった。

彼の部屋の中に案内されて、ドキッとした。部屋の壁という壁に、おびただしい数の銃や戦闘用と思われる剣がかけてあったのだ。さらに、彼が射撃で仕留めたハトを手に微笑んでいるところや、大砲をぶっぱなして無人船を破壊しているところを収めた写真を、次々と僕に見せてきた。

人を殺すための道具たちがひしめく異様な密室の中で、初対面の人間に対して嬉々としながらみずからの攻撃性をアピールする生化学者。冷や汗が止まらなくなった。この男と一つ屋根の下に住んでいたら、いつ殺されても不思議ではない。それ以前に、これ以上、彼とこの場でいっしょにいることじたいも耐え難い。一刻も早く立ち去りたかった。

そんな経験をしながらも、次々と下宿先を探した。その後、Craigslistで二回ルームシェア先を見つけることになった。一度目はロシア人と香港人のルームメイトと、二度目はアメリカ人のルームメイトと部屋をシェアした。だが、いずれの場合もルームメイトたちとの相性があまりよくなく、二〜三月ほどで部屋を出た。相性がよくない赤の他人と同じ家で暮らすことは、思っていた以上にストレスフルだった。

最終的には、同じ研究室の同僚のジョン、そして彼の奥さんといっしょに、マウンテンビューにある二ベッドルームのアパートに住むことで落ち着いた。ジョンも奥さんも気心の知れた仲だったので、ストレスもなく、その後のアメリカ生活をすごすことができた。

もし、あなたが海外でルームシェアをする機会があれば、ウェブサイトでルームメイトを探すよりも、よく知っている友だちとシェアしたり、友だちに知り合いを紹介してもらう方がよいだろう。

クマムシ餌問題

科学大国アメリカを、いや、人類による近代科学の進歩の象徴といっても過言ではないNASA。公害や環境破壊の歴史を経て人々の科学信仰が薄まるなかで、いまだポジティブな響きを失っていないNASA。すべてを「NASAの陰謀のせいだ」と説明すれば、ナンセンスなことすら問答無用で説得力を帯びてしまうほどの絶対的存在、NASA。

そのNASAに、ついにやって来た。NASAの研究施設内には、ハイテクな機器がびっしりと並んでいるに違いない。なにせ、同じ宇宙開発機関である日本の宇宙航空研究開発機構（JAXA）のおよそ

図3・5　古いオートクレーブの装置.
まるでアンティークのよう.

十倍の年間二百億ドル（一ドル百円換算で二兆円）ほどの年間予算が投じられているのだ。この足と目でNASA研究施設内に踏み入り、その光景を見られることに、心底わくわくしていた。

ところが、建物内や研究室には、想像の真逆の光景が広がっていた。建物は古く、閑散としている。多くの機器もアンティークのように錆びついていた。たとえば、オートクレーブという滅菌装置は、一九六〇年代に製造されたものを使用していた（図3・5）。明らかに数十年前から置いてあるような古い試薬の入った瓶も並んでいる。日本にいたころに所属していた、どの研究室よりも貧相な研究環境であった。これには、たいへん拍子抜けした。

そう。僕自身が、NASAのパブリックイメージを植えつけられていたのだ。そして、そのイメージを自分の中で膨らませすぎていたのである。

NASAは全米に何ヶ所も研究所を構える巨大な組織だ。NASA全体の予算が多くても、各々の部門に分配される額はそこまで多くはない。さらに、NASAの中でも、宇宙生物学の分野には予算はあまり降りてこない。現実的に考えれば、たしかに納得のいく状況である。

とはいえ、研究を進めていくうえでの最低限の設備はある。ここで、はりきってクマムシの研究を遂行しなくてはならない。僕がＮＡＳＡでおこなうのは、クマムシの紫外線に対する耐性についての研究だ。たとえば火星表面では生物にとって有害である紫外線が多量に降り注いでいる。地球上で最強の生物であるクマムシが紫外線にどの程度耐えられるのか、そして、耐えられる場合、どのようなメカニズムで耐えているのかを解析するのである。

研究を始めるにあたり、日本から持ち込んだヨコヅナクマムシを乾眠から復活させ、飼育を再開することからスタートした。餌は日本で使っていたクロレラ工業株式会社の生クロレラＶ12ではなく、*Chlorella vulgaris* Beijerinck var. *vulgaris* という系統を用いた。というのも、生クロレラＶ12を日本から空輸すると、輸送代だけで10万円ほどかかってしまうからである。生クロレラＶ12の中身は *Chlorella vulgaris* CK-22という系統である。そのため、テキサス大学オースチン校で保管されている同じクロレラの *C. vulgaris* Beijerinck var. *vulgaris* の株を少し分けてもらい、自前で培養し、それをヨコヅナクマムシに与えることにしたのである。

しかし、ここで思わぬ落とし穴が現れる。*C. vulgaris* Beijerinck var. *vulgaris* で育てていたヨコヅナクマムシが、ばたばたと死んでしまうのだ。

じつは、アメリカに来る前に、*C. vulgaris* Beijerinck var. *vulgaris* でヨコヅナクマムシを飼育できることを確かめていた。アメリカでは生クロレラＶ12が使えなくなることを見越して、予備実験をしていたのだ。そのときは、ヨコヅナクマムシが問題なく卵を産んで増えていた。だから、アメリカに行っても *C. vulgaris* Beijerinck var. *vulgaris* でうまく飼育できるものと思っていた。

ところが、である。ヨコヅナクマムシに *C. vulgaris* Beijerinck var. *vulgaris* を与えて飼育すると、しばらくは卵を産んで増えるものの、子ども、孫と世代を経るごとに、突然死んでしまう個体の割合が増えることがわかった。また、世代を重ねるごとに、卵も産まなくなったり、卵が孵化する割合も減少した。

「この系統では飼育できないのかもしれない。だが、ほかの種類の藻類ならうまくいくかもしれない」。そう思い、ほかの種類の緑藻類も取りよせて培養し、ヨコヅナクマムシに与えて飼育実験を開始した。だが、いろいろな種類の緑藻類で試しても、うまくいかない。緑藻類以外にも、紅藻類、シアノバクテリア、大腸菌など、さまざまなものを与えたが、やはりダメだった。

そんなことを繰り返しているうちに、あっという間に数ヶ月が経過してしまった。かなり焦りはじめた。藻類を自分で培養をしてからクマムシに与えていたため、この培養法が不適切なのではないかという疑問が浮上した。藻類は、培養法の違いにより、細胞内の化学物質の組成が異なってくるからだ。

さっそく、生クロレラV12を製造しているクロレラ工業株式会社に、*C. vulgaris* CK-22の培養法を問い合わせてみた。しかし、企業秘密ということで教えてくれなかった。

そこで、藻類の専門家に培養法を聞くことにした。日本に一時帰国した際に、宮崎大学准教授の林 雅弘さんの研究室を訪れ、藻類の培養法について教えていただいた。林さんによれば、ビタミンEや脂肪酸を含んだ培養液で培養した緑藻類は、ビタミンEや脂肪酸を多く含むようになるらしい（Hayashi et al., 2001）。そのような緑藻類を海産ワムシに与えるとよく育つというデータもでていた。

ビタミンEを混ぜた培養液で*C. vulgaris* Beijerinck var. *vulgaris*を培養し、ヨコヅナクマムシに与えてみた。だが、よい結果は得られなかった。不思議なことに、生クロレラV12から*C. vulgaris* CK-22を単離・培養してヨコヅナクマムシに与えても、増えることはなかった。やはり、クロレラ工業株式会社の培養方法がかなり特殊なものであるようだ、ということだけはわかった。

そこで、発想を変えることにした。ヨコヅナクマムシが生息しているコケなら、彼女らが食べる何かが必ずそこに存在するはずだ。ヨコヅナクマムシがコケそのものを食べていないことは、以前の観察から明らかだった。コケの中にいる、バクテリアなどの微生物を食べているに違いない。さっそく、ヨコヅナクマムシが生息している札幌のコケから微生物を単離、培養して与えてみた。だが、芳しい結果は得られない。ヨコヅナクマムシがコケの中で食べているのが微生物だとして、そのような微生物は培養のできない種類のものなのかもしれない。

飼育成功のための新しいアイディアが出るたびに「今度こそはいける!」とはりきっては、失敗する。一歩進んで一歩下がる。そんなことを繰り返しているうちに、時間はどんどんすぎていった。日本から持ってきたヨコヅナクマムシがすべて死滅してしまったため、東京大学の國枝さんや慶應義塾大学の荒川さんにお願いしてヨコヅナクマムシを分けてもらっていた。それでも、飼育実験は成功しなかった。

そんななか、ヨーロッパのライバル研究グループが、クマムシが宇宙で生き延びたことを論文に発表。クマムシが宇宙で生き延びたという結果じたいについては、僕自身もたいへんエキサイトした。だが、自分がいつかやろうとしていた実験を先にやられ、論文として発表されたことは、かなりの精神的なダメージとして響いた。

アメリカでは初の黒人大統領となったバラク・オバマ氏の大フィーバーが巻き起こっていたが、僕の気分はまったく晴れない。ボスのリンも、やきもきしていた。モチベーションがどんどんなくなっていき、光のない闇の底を、延々と歩いているような感覚に陥っていた。

飼育実験を失敗し続けるということは、すなわち、大量のクマムシが死んでいくのを目にし続けることである。これほど辛い経験は、そうそうあるものではない。大学院生のころに、吐血するほどまでオニクマムシの飼育をしていたときの方が、まだ精神的には楽だった。

そしてアメリカに来て一年目の終わりが近づいていたある日、一つのことを思い出した。それは、アメリカのノースカロライナ大学のゴールドステイン研究室が飼育しているドゥジャルダンヤマクマムシ *Hypsibius dujardani* のことだ。

この研究グループは、ドゥジャルダンヤマクマムシにクロレラではなく、イギリスの Sciento という会社が販売している *Chlorococcum* という種類の緑藻を使っていた。

「もしかしたら、この藻類でヨコヅナクマムシも育つかも」

Sciento から *Chlorococcum* を取り寄せ、ヨコヅナクマムシに与えて飼育実験をおこなった。すると、いつもみるみるうちに減っていくばかりだったヨコヅナクマムシを、増やすことに成功した。生クロレラV12を与えたときほどの増殖度はなかったが、ようやくヨコヅナクマムシを増やして紫外線耐性の研究に使えるめどが立った。安堵の気持ちでいっぱいになった。

コラム　ジョン（John）

英語を話せなければ、アメリカでは一人の人間としてみなされない。これがアメリカに来て大きく感じたことの一つだった。「自分は英語圏で育っていない人間だから、ちょっとがまんして僕が話す拙い英語を理解しようとしてください」というネイティブ・スピーカーへの淡い期待はまったく通用しない。それが、アメリカという場所なのだ。もちろん、彼らを非難するつもりはまったくない。すべては、自分の英語能力の問題である。ここで暮らすからには、英語が話せてナンボなのだ。「郷に入れば郷に従え」である。

ただ、もし僕が女の子だったら、若干の下心を抱いた現地の男性が、がまん強く話し相手になってくれただろう。実際に、そのようなシチュエーションにたびたび遭遇した。だが、僕は男だ。彼らは、僕がろくに英語が話せない人間だとわかると、目線をすっと外して「見えないもの」のように扱う。僕はたびたび、自分が生命の宿っていない置物になったような感覚を味わった。あのような状況におかれた者の孤独感は、実際にその立場にならないとわからないだろう。

しかし、捨てる神あれば拾う神あり。唯一、僕の下手な英語に嫌な顔ひとつせずにつき合ってくれる人がいた。それが、先にも紹介した、同じ研究室の大学院生ジョンである。

ジョンはイギリス人だが、大学院からはアメリカ東海岸の名門校ブラウン大学に進学した。所属はブラウン大学だったものの、大学院生向けのフェローシップを獲得したため、NASAで研究活動をしていたのだ。

ジョンはアジアに高い関心をもっていた。大学生のときにはマレーシアに留学して中国語を勉強し、そこで出会った中華系マレーシア人と結婚していた。そんなアジア人びいきな性格のためなのだろう。ジョンは僕の拙い英語にも嫌な顔をせずにつき合ってくれた。まだアメリカに来たばかりで知り合いのいない僕を、いろいろな場所に連れて行ってくれたり、夕食に招いてくれたりもした。どこかイエス・キリスト像のような風貌のジョンは、当時の僕にとって、文字どおり神様のような存在だった。

先述したように、ジョンと彼の奥さんと僕は後に同じアパートの部屋をルームシェアすることになった。彼らといっしょに暮らすうちに、僕の英語力は徐々に向上し、日常生活や研究生活をおくるうえでさほど不自由しないレベルにまでなった。

アメリカでジョンと出会えたことは、僕にとってはひじょうにラッキーなことだった。もし彼がいなかったら、アメリカ生活はどうなっていただろうか。想像するとぞっとする。

僕と同じような立場でアメリカなどに留学をした人に話を聞くと、やはりその多くが言葉の壁から生じる孤独感に苛まされた経験があるようだ。そして、これが原因で鬱になる場合も少なくない。僕の場合は現地に溶け込むために、そこにある日本人コミュニティとはできるだけ距離をおいてきた。だが、今ふり返ると、アメリカに移ったばかりのころに、もう少し現地の日本人と交流すればよかったと思う。その方が、精神的にもっと楽になれたにちがいない。

クマムシと宇宙生物学

餌問題も解決し、ようやく紫外線耐性の研究に移ることになった。僕はここＮＡＳＡエームズ研究所で、宇宙生物学の観点から、ヨコヅナクマムシの紫外線耐性について研究するのだ。

最近では、日本でも宇宙生物学という学問分野が注目されるようになってきた。ここで、せっかくなので宇宙生物学とはどんな学問なのかをもう一度簡単に紹介しよう。

「私たちは世界で唯一の生命体なのだろうか？」。この問いかけに解を与えようとする学問。それが、宇宙生物学である。生命体が地球外に存在するならば、どのような環境条件をもつ惑星にいるのだろうか。生命は、どのようにして生じうるのだろうか。宇宙生物学の扱う範囲はきわめて広い。

地球外生命体が存在しうる範囲（ハビタブルゾーン）を推定するには、私たちが知っている唯一の生命、すなわち、地球上の生物の許容限界環境を知る必要がある。ある惑星の環境条件が、地球上の生物が許容できるようなものであれば、その惑星に生命体が存在しうるといえるからだ。このため、過酷な環境を生き延びることで知られる地球の極限環境生物は、地球外生命体の存在可能性を探るための〝よいものさし〟となる。

だが、これまでの宇宙生物研究では、存在しうる地球外生命体として、バクテリアのような単細胞生物だけを想定してきた。たしかに、バクテリアには高温、極端なｐＨ、高線量放射線など、さまざまな極限環境に耐えるものがたくさんいる。その一方で、クマムシのように多細胞で組織や器官が発達した動物でも、極端な環境ストレスに耐えられるものもいる。つまり、クマムシの環境ストレス耐性や、その耐性のメカニズムを調べることで、地球外に動物のような複雑な身体をもつ生命が存在する可能性やそのハビタブルゾーンを推定することができるのである。

さて、火星の地表には、地球に比べて高い線量の紫外線が降り注いでいる。そこで僕たちは、ヨコヅナクマムシがどこまで紫外線に耐えられるのかを調べてみた。また、紫外線への耐性が見られる場合、どのようなしくみで耐えているのかも検証した。

まず、ヨコヅナクマムシがどの程度の紫外線に耐えられるのかを調べた。十日齢のヨコヅナクマムシを活動状態と乾眠状態のグループに分け、紫外線（ＵＶ－Ｃ、波長254nm）を照射した。そのあと、個体を飼育培地に移して継続的に観察し、生存した個体や産み落とされた卵の数を記録。その結果、ヨコヅナクマムシは、乾眠状態の場合の方が、活動状態の場合よりも高い紫外線耐性を示した。たとえば、乾眠状態では一平方メートルあたり二十キロジュールもの線量の紫外線を照射されても産卵が見られた。その一方で、活動状態では、一平方メートルあたり五キロジュール以上の線量の紫外線を照射されると、照射十日後には九割以上の個体が死滅し、産卵も起こらなかった。

先にも述べたが、ガンマ線などの電離放射線に対しては、クマムシは活動状態の場合の方が乾眠状態の場合よりも高い耐性を示す。今回の紫外線照射によるヨコヅナクマムシの耐性のパターンは、これとは逆だ。紫外線と電離放射線とでは、クマムシにおよぼす生物学的な作用が異なるのだろう。いずれにしても、活動状態でも乾眠状態でも、ヨコヅナクマムシはほかの生物種に比べて高い紫外線耐性をもつことがわかった。

では、ヨコヅナクマムシはなぜ紫外線に強いのだろうか。

これを調べるため、紫外線照射後のヨコヅナクマムシのDNA損傷について解析した。高線量の紫外線照射は、生物に致死的なDNA損傷を引き起こすことが知られている。紫外線を照射すると、DNA上の隣接した塩基（とくにチミンやシトシンなどのピリミジン塩基）が結合し、二量体と呼ばれる損傷が生じる。チミン二量体が形成すると、突然変異が誘発されるなど、生物に有害な影響をおよぼす。そこで、ここでは、ヨコヅナクマムシのDNAにどの程度のチミン二量体が生じているかを解析することにした。

DNAに起きたチミン二量体を検出するために必要なDNAの量は、一匹のヨコヅナクマムシからは得ることができない。そのため、紫外線を照射した百匹ほどのヨコヅナクマムシをまとめて潰してからDNAを抽出し、解析に用いた。解析の結果、乾眠状態では活動状態に比べて、DNA上にチミン二量体の形成がほとんど起こらないことがわかった（図３・６ａ）。乾眠状態では、ヨコヅナクマムシのDNAにチミン二量体が生じにくくなるような機構があることが示された。

次に、紫外線照射後のヨコヅナクマムシがDNA損傷を修復するかどうかを検証した。一平方メートルあたり二・五キロジュールの紫外線を活動状態のヨコヅナクマムシに照射し、DNA上に生じたチミン二量体がそのあとでどの程度修復されるかを解析した。紫外線照射で生じたチミン二量体は、照射から百十二時間後にはほぼ完全に消失した（図３・６ｂ）。つまり、ヨコヅナクマムシにはチミン二量体を除

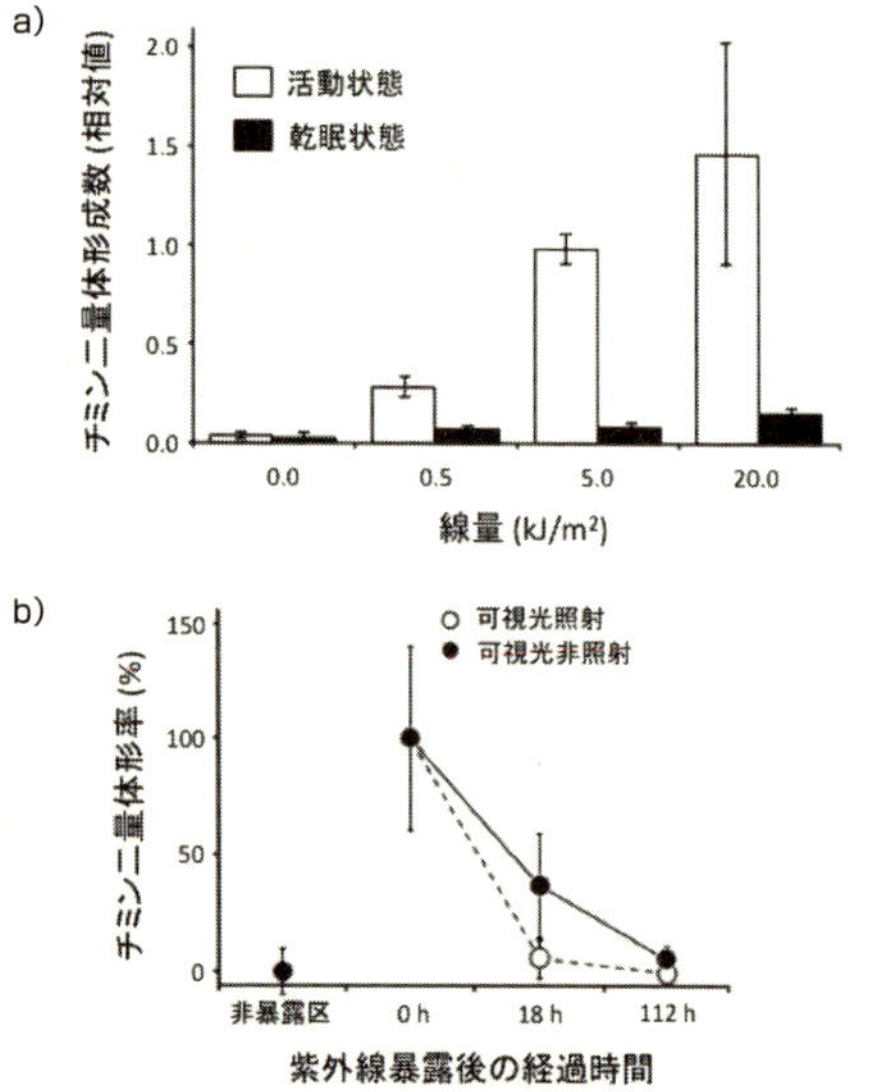

図3・6　活動状態あるいは乾眠状態のヨコヅナクマムシに紫外線を照射したあとにDNA上に生じたチミン二量体の形成頻度(a)．活動状態のヨコヅナクマムシに1㎡あたり2.5kJ(キロジュール)の紫外線を照射後，可視光をあてた場合とあてなかった場合におけるDNA上に生じたチミン二量体の修復過程(b)(Horikawa et al., 2013より)．

去するようなDNA修復能力があることが確認された。クマムシゲノムプロジェクトによって構築されたヨコヅナクマムシのゲノムデータベースを活用するなどして、ヨコヅナクマムシのゲノムにPhrAというDNA修復酵素とよく似た遺伝子をもつことが明らかになった。

さらに、ヨコヅナクマムシが紫外線を照射されると、この遺伝子が働いてこの部分の遺伝子からメッセンジャーRNAのコピーが多数つくられていることがわかった。メッセンジャーRNAからはタンパク質がつくられる。酵素もタンパク質だ。つまり、この酵素は紫外線照射のタイミングで合成されると考えられる。やはり、この酵素が実際にチミン二量体の除去修復にかかわっているのではないだろうか。

今回の研究で判明したヨコヅナクマムシの紫外線耐性を考慮すると、多量の紫外線が降り注ぐような惑星でも、クマムシのような生命体が存在するのではないかと思えてくる。そのような生命体がいるとすれば、それはきっと身体の部品を防御したり損傷の修復をする能力の高いものだろう。火星の地表やその近くの環境からクマムシ型生命体が発見されないだろうか…というようなことを考えてしまう。

こうしてなんとか研究を遂行し終え、後日論文にまとめてこの研究を発表することができた（Horikawa et al., 2013）。長かったようで短い、NASAでの二年間の研究生活が幕を閉じた。

コラム　科学の啓蒙に大切なこと

科学に精通した人間による科学の啓蒙は、人類で知を共有するために必要な活動だ。研究者側からすれば、多額の税金を投入しておこなわれる基礎科学研究に対する人々の理解を得るためにも、科学の啓蒙は重要である。

科学の啓蒙は研究者自身によるアウトリーチとしておこなわれる場合もあれば、研究者ではないサイエンスジャーナリストやサイエンスコミュニケーターらによってなされることもある。最近では、科学の啓蒙はサイエンスコミュニケーションという用語でよく使われるようになってきた。

日本でも、サイエンスコミュニケーションをおこなう「サイエンスコミュニケーター」の養成プログラムを開設する大学がでてきた。サイエンスコミュニケーションの勉強会や研究会もさかんに開催されるようになってきた。週末には、サイエンスカフェや博物館などで、サイエンスコミュニケーターが参加者に向けて科学解説をおこなう姿がよく見られる。これは、たいへん有意義なことだ。

図　僕が考案したクマムシのキャラクター「クマムシさん」．ぬいぐるみなどのグッズを日本科学未来館やオンラインショップ「クマムシさんのお店」で販売している．

ただし、サイエンスカフェや博物館に訪れるような人は、そもそも科学に対して高い関心をもっている場合が多いので、当然科学的知識もそれなりにある。つまり、科学の啓蒙をする相手は科学リテラシーが高い人々に限られる場合が多いのだ。

本来、科学の啓蒙をしなくてはいけない対象は、科学にあまり興味のない人々だ。このような人たちは、非科学的な宣伝文句を謳うビジネスや医療になびいてしまったり、科学的根拠のないデマを信じてしまう頻度が高い。科学の啓蒙は、これらのリスクを軽減させる大切な役目もあるのだ。

それでは、どのようにして科学に興味のない層に向けて、科学の啓蒙をおこなえばよいのだろうか。自分なりに出したその一つの答えは、エンターテイメント性を押しだすことである。

たいていの人にとって、科学は理解しづらい。そこを理解しようとするには、多くのエネルギーが必要なのだ。そこで、まず人々の関心をひくには、はじめにキャッチーさを押し出さなくてはならない。

日本では、キャッチーさを押し出すためのとても適した媒体がある。それは、アニメや漫画、そしてゲームなどだ。実際に、研究者の中には、ＳＦ漫画などにインスパイアされて研究者を志した人も多い。漫画やアニメのようなエンターテイメント性の高い媒体は、確実に科学技術を推進しているのである。

僕もブログやメールマガジンを通して科学の啓蒙活動をおこなっているが、記事にエンターテイメント性を盛り込むことを常に意識している。ヨコヅナクマムシをかわいくデフォルメしたキャラクター「クマムシさん」を制作した理由も、やはりエンターテイメント性を取り入れたかったからだ（図）（口絵9、10、11）。クマムシさんは、その見た目のかわいさによって、科学に関心のない人々をも引きつけることができる。この「かわいさ」を入口に、クマムシやそのほかの生きもの、そして自然科学について関心をもってもらうのが狙いだ。

クマムシさんをきっかけに科学の世界に入門し、研究者になる子どもたちが一人でもでてきてくれれば、こんなに嬉しいことはない。

孵化

第４章
クマムシ研究所設立の夢

おもしろいことができれば、それでよい

二〇〇七年、まだ東京大学で研究生をしているとき、ある一通の電子メールが届いた。送り主はアメリカ東海岸の名門大学の教授だった。僕たちが出版した、オニクマムシの放射線耐性に関する論文を読んで質問してきたのだ。彼がどんな研究をしている人なのかが少し気になったので、電子メールを返信する前に、Googleで名前を検索してみた。

そして驚いた。彼は、生物学者なら誰もが知る、分子生物学黎明期に活躍した大研究者だったのである。一九五〇年代にこの教授が証明した分子生物学上の重要法則は、現在出版されているどの生物学の教科書にも載っているほどである。その本人から電子メールをもらったことに、鳥肌が立つほど興奮した。また、一九三〇年生まれの彼が、まだ現役で研究を続けており、僕が発表したクマムシ論文にまで目を通してくれていることに、いたく感激した。

その翌年、NASAエームズ研究所に移動したあとに、また電子メールをもらった。送り主は先述の大研究者の弟子にあたる研究者で、現在はフランスに研究室をかまえていた。大研究者から僕がおこなっている研究の話を聞き、コンタクトをとってきたようだ。やはり、クマムシに興味があるという。さらに、よかったら研究員としてフランスに研究をしにこないか、とも書いてあった。

彼が主宰する研究室から出された研究成果は、しばしばトップジャーナルに出版された論文を通して知っていた。その研究室から、オファーが来るとは。僕は色めき立った。ポスドクのポジションを見つける

ことが難しい時代に、ヘッドハンティングのような誘いを受けることは稀だ。

当時はまだＮＡＳＡのポスドクフェローシップをもらっていたが、任期は原則として二年間だけである。そのあとの行き先は未定だったので、ＮＡＳＡでの研究生活のあとはフランスの研究室に行くことに決めた。そして二〇〇九年、フランスの研究室を訪れプレゼンをおこない、この教授と話し合いをした。そして、ＮＡＳＡとのフェローシップ契約が終了したあとに、この研究室に僕をポスドクとして迎え入れてくれることを、その教授はあらためて約束してくれた。

一方で、ＮＡＳＡのボスのリンさんは、ＮＡＳＡとのフェローシップ契約の延長申請をしてはどうかと勧めてくれた。だが、すでにフランスの研究室に行く約束をしていたので、契約の延長はしないことにした。

ところが、予期しないことがおきた。ＮＡＳＡのフェローシップの契約終了が近づいてきたころ、フランスに異動するためのビザ取得手続きなどを始めるべく、その教授にメールで問い合わせをしたが、何度も電子メールを送っても返事が来ないのだ。しかたなく研究室に直接電話をかけてみた。電話をとったのは教授ではなく、秘書さんだった。僕が事情を説明すると、こう言われた。

「悪いけど、今年度の研究予算をじゅうぶんに獲得できなかったので、あなたを雇うことができなくなったの」。

そう。つまり、ポスドクのポジションの話は白紙に戻ってしまったのである。じつは、これと似たような話は日本国内でもおこる。ポジションの口約束をしておいても、研究予算の不足を口実に、それを反故にする研究室主宰者がいる。残念ながら国内外を問わず、そういう研究室主宰者が存在するのだ。

僕はそれまで、このようなトラブルの当事者になってしまった先輩たちを、この目で見てきた。だがまさか、自分がその当事者になろうとは。自分や自分の研究成果が認められてやや浮ついた気分になってしまい、客観的な思考ができなくなってしまっていた部分もあったのだろう。
だが、やはり理不尽なのはそのフランスの教授だろう。彼に対して、言いようのない怒りが湧いてきた。だが、それと同時にこうも思った。「経済事情を他者に依存していた自分が悪い」、と。正式な契約書も取り交わしたわけではないし、甘かったのは自分の方だと思った。

とはいえ、今の立場がとても困った状況に変わりはない。行き先が白紙に戻ってしまったため、しばらく日本に滞在することになってしまった。いわゆる無職の状態である。しかたがないので、やはりフランスの研究室に行けるように、国内外から出されているフェローシップ制度の公募に応募することにした。そしてなんとか、フランスの企業が提供しているポスドクフェローシップに採択され、九ヶ月におよぶ無職の期間を経てフランスに旅立つことになった。

今回のフェローシップ期間は一年間。フランスに着いた直後から、また次のフェローシップや研究費獲得のために行動を始めざるをえなかった。フランスの教授にこのことについて話し合ったりしたが、彼はこの過程で「スイスの大富豪から寄付をもらったから大丈夫だ」などと、にわかには信じられないようなことを言っていた。そして、やはりそれはのちに事実ではないことが判明した。彼に対する信頼関係は、ほとんどなくなっていた。

そのあと、同じフランス企業からの研究資金を得ることができ、二年間はポスドクとしてフランスにいられることになった。だが、このフランスの教授との一連のやり取りや、日本で博士号を取得したあとにポジションを見つけることに苦労した経験をうけて、だんだんとアカデミアのキャリアパスを歩むことをやめようと思うようになっていった。経済的に自立しつつ、研究は継続する。そんな道がないかを模索するようになった。

そこで考え出したのが、クマムシのキャラクターをつくり、関連グッズで収益を上げて研究資金にする方法だ。以前から、クマムシをキャラクター化するアイディアは、片山さんらと話し合っていた。ネット上で、本物のクマムシを「かわいい」と言及する人が多くなってきたからだ。

現在、自分で考案したクマムシキャラクター「クマムシさん」は、TwitterやFacebookやLINEといったSNSなどを中心に活動している(口絵10)。いろいろな方々に協力していただき、ぬいぐるみなどの関連グッズも制作し、オンラインストアや博物館などで販売している(口絵9)。クマムシさんをとおしてはじめて本物のクマムシの存在を知り、興味をもつ人々もいる。クマムシさんがきっかけで生物や自然科学に興味をもち、研究の道に進む子どもたちが増えてくれれば、一番嬉しい。

クマムシキャラクターのプロデュースのほかに、僕は自分の個人ブログ「むしブロ」(http://horikawad.hatenadiary.com/)や有料メールマガジン「むしマガ」(http://www.mag2.com/)でも積極的に情報を発信するようになった。おもしろい生物学研究の成果や、研究の世界の裏話などを、科学知識があまりない人々にもわかりやすく書いて届けている。有料メールマガジン「むしマガ」では、科学記事や読者からの

Q&AなどのコンテンツをQ配信している。じつは本書『クマムシ研究日誌』も、この「むしマガ」での連載をもとに構成したものだ。このようなコンテンツの対価として読者から購読料をもらっており、これが研究資金となるしくみだ。

政府や財団に頼らずに自立して研究活動を続けていければ、好きな場所で好きなテーマの研究をすることができる。どこにも雇われていないので、定年の心配をすることもない。将来は「クマムシ研究所」を設立し、そこの所長になりたいと思う。

しかし、これははてしなき大きな夢だ。フランスでの任期を終えたあと、現在は慶應義塾大学SFC研究所にて荒川和晴特任准教授と冨田 勝教授の研究室で研究活動をおこなっている。慶應義塾大学でのポジションは上席所員だが、給料はもらっていない。だが、自分にこうして研究活動の機会を与えていただき、両氏やほかの大学関係者の方々には、たいへん感謝している。

クマムシの乾眠や放射線耐性の謎は、いまだにほとんど解明されていない。この秘密を解き明かすまでは、研究者をやめるつもりはない。クマムシ研究者であるぼくもクマムシを見倣い、しぶとくひょうひょうと生きていこうと思う。おもしろいことができれば、それでよいのだ。

おわりに

本書を最後まで読んでいただき有り難うございます。後悔はさせないと「はじめに」でも書きましたが、いかがだっただろうか。「おもしろかった」と思っていただけていることを切に願っている。よろしければ、以下のSNSや電子メールで感想をいただければ幸いである。

Twitter：https://twitter.com/horikawad
Facebook：https://www.facebook.com/horikawad
電子メール：horikawadd@gmail.com

できるかぎり返信するようにしますので、お気軽にどうぞ。

クマムシの研究を進めるにあたり、これまでに多くの人々に支えられてきた。人との出会いがまた新たな人との出会いを生み、点が線をつくるようにして、僕はここまで導かれてきた。どの点が欠けても、今の自分はなかっただろう。

神奈川大学でお世話になった関 邦博さんには格別の御礼を申し上げたい。関さんとの出逢いがなければ、自分がクマムシ研究者として歩みはじめることすらなかっただろう。クマムシの実際の扱い方をはじめて教えていただいた豊島正人さん、宇津木和夫さんにも感謝いたします。北海道大学大学院で指導をしていただいた東 正剛さんには、研究者として自立するための礎を築いていただき感謝しております。農業生物資源研究所の奥田 隆さん、渡邉匡彦さん、黄川田隆洋さん、東京大学の久保健雄さん、國枝武和さんには、大学院生の自分を講習生として快よく受け入れていただき感謝いたします。ＮＡＳＡエームズ研究所のLynn Rothschildさんには初めての海外生活で不安があった自分にいつも励ましの言葉をかけていただきました。有り難うございます。

研究指導、そして共同研究では以下の大勢の方々にお世話になりました（所属先は当時のもの）。北海道大学の片桐千仭さん、島田公夫さん、阿部 渉さん、桑原幹典さん、平田真規さん、城所 碧さん、秋山吉寛さん、三浦 徹さん、越川滋行さん、横浜国立大学の伊藤正道さん、農業生物資源研究所の中原雄一さん、行弘文子さん、岩田健一さん、田中大介さん、田中誠二さん、藤田昭彦さん、東京大学の片山俊明さん、山口理美さん、桑原宏和さん、日本原子力研究所の小林泰彦さん、坂下哲哉さん、浜田信行さん、和田成一さん、舟山知夫さん、食品総合研究所の山本和貴さん、小関成樹さん、東京工科大学の梶原一人さん、川井清司さん、宮崎大学の林 雅弘さん、慶應義塾大学の荒川和晴さん、冨田 勝さん、鈴木 忠さん、理化学研究所の豊田 敦さん、会津智幸さん、国立情報学研究所の藤山秋佐夫さん、高知大学の松井 透さん、ＮＡＳＡエームズ研究所のDana Rogoffさん、John Cumbersさん、Stefan Leukoさん、Raechel Harnotoさん、パリ第五大学のMiroslav Radmanさん、Francois-Xavier Pelleyさん、Anita Kriskoさん、Fernando Ariel Martinさん、榊原伊織さん。ここに御礼申し上げます。

口絵のクマムシさんのイラストを描いていただいたイラストレーターの阪本かもさんと、クマムシさんのぬいぐるみを制作していただいた「うすげぬいぐるみファクトリー」および株式会社ＧＳクラフトさん、どうも有り難うございました。

また、本書で紹介した研究活動は、以下の研究資金により遂行された。日本学術振興会特別研究員、日本原子力研究所黎明研究、NASA Astrobiology Institute Postdoctoral Program Fellowship、AXA Postdoctoral Research Fellowship。

遅筆な自分を辛抱強く見守っていただいた東海大学出版部の田志口克己さんには特別の御礼を申し上げます。『テングザル』(東海大学出版会)の著者で北海道大学大学院での同級生である松田一希さんには田志口さんを紹介いただき、私が本書を執筆するきっかけを作っていただいた。有り難うございます。

最後に、いつも我慢しつつ支えてくれる家族へ。ありがとう。

Saeki S, Yamamoto M, Iino Y (2001) Plasticity of chemotaxis revealed by paired presentation of a chemoattractant and starvation in the nematode *Caenorhabditis elegans*. Journal of Experimental Biology **204**:1757-1764

Seki K, Toyoshima M, (1998) Preserving tardigrades under pressure. Nature **395**:853-854

Storey KB, Storey JM (1996) Natural freezing survival in animals. Annual Review of Ecology and Systematics **27**:365-386

Suzuki AC (2003) Life history of *Milnesium tardigradum* Doyère (Tardigrada) under a rearing environment. Zoological Science **20**:49-57

鈴木忠 (2006) クマムシ?! 小さな怪物 . 岩波書店 . pp 112

Watanabe M (2006) Anhydrobiosis in invertebrates. Applied Entomology and Zoology **41**:15-31

Womersely C (1981)Biochemical and physiological aspects of anhydrobiosis. Comparative Biochemistry and Physiology **70**:669-678.

Westh P, Ramløv H (1991) Trehalose accumulation in the tardigrade Adorybiotus coronifer during anhydrobiosis. Journal of Experimental Zoology **258**:303-311

Wright JC (2001) Cryptobiosis 300 years on from Van Leeuwenhoek: what have we learned about tardigrades? Zoologischer Anzeiger **240**:563-582

Yamaguchi A, Tanaka S, Yamaguchi S, Kuwahara H, Takamura C, Imajoh-Ohmi S, Horikawa DD, Toyoda A, Katayama T, Arakawa K,Fujiyama A, Kubo T, Kunieda T (2012) Two novel heat-soluble protein families abundantly expressed in an anhydrobiotic tardigrade. PLoS One **7**:e44209

Horikawa DD, Sakashita T, Katagiri C, Watanabe M, Kikawada T, Nakahara Y, Hamada N, Wada S, Funayama T, Higashi S,Kobayashi Y, Okuda T, Kuwabara M. (2006) Radiation tolerance in the tardigrade *Milnesium tardigradum*. International Journal of Radiation Biology **82**:843-848

Horikawa DD, Cumbers J, Sakakibara I, Rogoff D, Leuko S, Harnoto R, Arakawa K, Katayama T, Kunieda T, Toyoda A, Fujiyama A, Rothschild LJ (2013) Analysis of DNA repair and protection in the tardigrade *Ramazzottius varieornatus* and *Hypsibius dujardini* after exposure to UVC radiation. PLoS One **8**:e64793

Horikawa DD, Higashi S (2004) Desiccation tolerance of the tardigrade *Milnesium tardigradum* collected in Sapporo, Japan, and Bogor, Indonesia. Zoological Science **21**:813-816

諫山 創 進撃の巨人 . 講談社 .

Jönsson KI, Rabbow E, Schill RO, Harms-Ringdahl M, Rettberg P (2008) Tardigrades survive exposure to space in low Earth orbit. Current Biology **18**:R729-R731

Kinchin, IM (1994) The biology of tardigrades. Portland Press, London. pp 186

Lapinski J, Tunnacliffe A (2003) Anhydrobiosis without trehalose in bdelloid rotifers. FEBS Letters **553**:387-390

Manière X, Lebois F, Matic I, Ladoux B, Di Meglio JM, Hersen P (2011) Running worms: *C. elegans* self-sorting by electrotaxis. PLoS One **6**:e16637

May RM, Maria M, Guimard J (1964) Action différentielle des rayons x et ultraviolets sur le tardigrade *Macrobiotus areolatus*, a l'état actif et desséché. Bulletin biologique de la France et de la Belgique **98**:349-367

Ono F, Saigusa M, Uozumi T, Matsushima Y, Ikeda H, Saini NL, Yamashita M (2008) Effect of high hydrostatic pressure on to life of the tiny animal tardigrade. Journal of Physics and Chemistry of Solids **69**:2297-2300

Philippe H, Lartillot N, Brinkmann H (2005) Multigene analyses of bilaterian animals corroborate the monophyly of Ecdysozoa, Lophotrochozoa, and Protostomia. Molecular Biology and Evolution **22**:1246-1253

Ramløv H, Westh P (2001) Cryptobiosis in the eutardigrade Adorybiotus coronifer: tolerance to alcohols, temperature and de novo protein synthesis. Zoologischer Anzeiger **240**:517-523

Ramløv H, Westh P (1992) Survival of the cryptobiotic Eutardigrade *Adorybiotus coronifer* during cooling to -196°C: effect of cooling rate, trehalose level, and short-term acclimation. Cryobiology **29**:125-130

Rothschild LJ, Mancinelli RL (2001) Life in extreme environments. Nature **409**:1092-1101

参考文献

荒木飛呂彦 ジョジョの奇妙な冒険．集英社．

Becquerel P (1950) La suspension de la vie au dessous de 1/20 K absolu par demagnetization adiabatique de l'alun de fer dans le vide les plus eléve. Comptes-rendus Hebdomadaires des Seances de l'Académie des Sciences de Paris **231**:261-263

Browne J, Tunnacliffe A, Burnell A (2002) Anhydrobiosis: plant desiccation gene found in a nematode. Nature **416**:38

Campbell LI, Rota-Stabelli O, Edgecombe GD, Marchioro T, Longhorn SJ, Telford MJ, Philippe H, Rebecchi L, Peterson KJ, Pisani D (2011) MicroRNAs and phylogenomics resolve the relationships of Tardigrada and suggest that velvet worms are the sister group of Arthropoda. Proceedings of the National Academy of Sciences **108**:15920-15924

Crowe JH, Carpenter JF, Crowe LM (1998) The role of vitrification in anhydrobiosis. Annual Review of Physiology **60**:73-103

Hengherr S, Heyer AG, Koehler HR, Schill RO (2008) Trehalose and anhydrobiosis in tardigrades — evidence for divergence in responses to dehydration. FEBS Journal **275**:281-288

Halberg KA, Jørgensen A, Møbjerg N (2013) Desiccation tolerance in the tardigrade *Richtersius coronifer* relies on muscle mediated structural reorganization. PLoS ONE **8**:e85091

Hayashi M, Yukino T, Maruyama I, Kido S, Kitaoka S (2001) Uptake and accumulation of exogenous docosahexaenoic acid by *Chlorella*. Bioscience, Biotechnology and Biochemistry **65**:202-204

Horikawa DD, Kunieda T, Abe W, Watanabe M, Nakahara Y, Yukuhiro F, SakashitaT, Hamada N, Wada S, Funayama T, Katagiri C, Kobayashi Y, Higashi S, Okuda T (2008) Establishment of a rearing system of the extremotolerant tardigrade *Ramazzottius varieornatus*: a new model animal of astrobiology. Astrobiology **8**:549-556

Horikawa DD, Yamaguchi A, SakashitaT, Tanaka D, Hamada N, Yukuhiro F, Kuwahara H, Kunieda T, Watanabe M, Nakahara Y, Yukuhiro F, Wada S, Funayama T, Katagiri C, Higashi S, Yokobori S, Kuwabara M, Rothschild LJ, Okuda T, Hashimoto H, Kobayashi Y (2012) Tolerance of anhydrobiotic eggs of the tardigrade *Ramazzottius varieornatus*. Astrobiology **12**:283-289

索引

著者紹介

堀川大樹（ほりかわ　だいき）
1978年生まれ
北海道大学大学院地球環境科学研究科博士課程修了　地球科学博士
NASA Ames Research center 研究員，AXAポスドクフェロー，パリ第五大学および仏国立衛生医学研究所研究員を経て，現在，慶應義塾大学先端生命科学研究所特任講師
著書：『クマムシ博士の「最強生物」学講座』新潮社，
『耐性の昆虫学』（分担執筆）東海大学出版会
『パワー・エコロジー』（分担執筆）海游舎

イラスト（口絵10，はじめに）
阪本かも（さかもと　かも）
イラストレータ兼キャラクターデザイン
カモムスビ（http://d.hatena.ne.jp/camomusubi/）

装丁　中野達彦
カバーイラスト　北村公司

フィールドの生物学⑮
クマムシ研究日誌 —地上最強生物に恋して—

2015年5月20日　第1版第1刷発行
2016年8月5日　第1版第2刷発行

著　者　堀川大樹
発行者　橋本敏明
発行所　東海大学出版部
〒259-1292　神奈川県平塚市北金目4-1-1
TEL 0463-58-7811　FAX 0463-58-7833
URL http:///www.press.tokai.ac.jp
振替 00100-5-46614
組版所　株式会社桜風舎
印刷所　株式会社真興社
製本所　株式会社積信堂

ISBN978-4-486-01996-1